作为职场新生代，
如何管理我们的经理

〔比利时〕雅娜·德普莱斯（Jana Deprez）

〔荷　兰〕马丁·乌尔玛（Martin C. Euwema） 　著

叶冉　　裴蓉

北京理工大学出版社
BEIJING INSTITUTE OF TECHNOLOGY PRESS

图书在版编目（CIP）数据

作为职场新生代，如何管理我们的经理 /（比）雅娜·德普莱斯（Jana Deprez）等
著. —北京：北京理工大学出版社，2017.4
　　ISBN 978-7-5682-3880-9

Ⅰ.①作…　Ⅱ.①雅…　Ⅲ.①人际关系学—通俗读物②成功心理—通俗读物
Ⅳ.①C912.11-49②B848.4-49

中国版本图书馆CIP数据核字（2017）第054526号

北京市版权局著作权合同登记号　图字：01 – 2017 – 1862

出版发行 / 北京理工大学出版社有限责任公司
社　　址 / 北京市海淀区中关村南大街 5 号
邮　　编 / 100081
电　　话 /（010）68914775（总编室）
　　　　　（010）82562903（教材售后服务热线）
　　　　　（010）68948351（其他图书服务热线）
网　　址 / http://www.bitpress.com.cn
经　　销 / 全国各地新华书店
印　　刷 / 保定市中画美凯印刷有限公司
开　　本 / 710 毫米 × 1000 毫米　1/16
印　　张 / 12.5　　　　　　　　　　　　　　　　　责任编辑 / 王俊洁
字　　数 / 187千字　　　　　　　　　　　　　　　文案编辑 / 王俊洁
版　　次 / 2017 年 4 月第 1 版　2017 年 4 月第 1 次印刷　　责任校对 / 周瑞红
定　　价 / 46.00 元　　　　　　　　　　　　　　　责任印制 / 王美丽

写给作为读者的你

我们总听人说："沟通是一门学问。"我们还听人说："管理是一门艺术。"今天你手里的这本小书，无论标题和封面多么吸引眼球，它所想达成的目的和传递的信息都十分简单明了。

这是基于组织心理学的研究为"有效的管理、沟通与影响力"而写的一本书。

本书的作者们每天都在做着有关管理、沟通与影响力的学问。即便如此，我们也不敢宣称自己掌握了沟通这门技术。我们只有一个小目标：通过脚踏实地地对管理、沟通与影响力的研究，把无论是"学问"还是"艺术"，都转化为实在和有效的实战技巧。我们希望读者能够通过短短几个小时，通过并不艰深的阅读和学习，就能用书中提出的方式和方法，对号入座地找出对现有问题的新的解决方案。

本书采用了正反双面书的印刷方式。从一面阅读，书的标题是《作为职场新生代，如何管理我们的经理？》；但如果从另一面阅读，标题则为《作为经理，如何管理我们的职场新生代？》。作为本书的作者，我们期待通过这种方式，可以使年轻员工的管理者和年轻员工本人，都得到机会更深入地了解对方，并明了彼此沟通、相处与共事的有效模式。在这本双面书的中间部分，我们安排了"主要参与研究单位介绍"这一内容。作为本书的作者，我们由衷地期待广大读者针对职场沟通的相关课题与我们进行交流。

如果你从《作为职场新生代，如何管理我们的经理？》这一面读下去，会发现你手中的这本书花了很多篇幅在讨论如何对你的领导进行"印象管理"。那是因为，**一个领导对员工的印象，很大程度上会与员工本人如何展现自己有关**。即便如此，我们需要说明的是：我们并不赞赏那些不好好做事，却不惜一切代价宣传自己的人。我们的底线仍然是"先做好本职工作"，然后再讨论其他的自我展示技巧。

即便你已经觉得你的老板不喜欢你，即使你感到你的工作毫无前途，这也十分正常。读完这本书，你会发现很多人对自己的工作都会有各种的不确定感。他们会想：这就是我的工作吗？我这样做对吗？他们究竟对我满意吗？我还会继续做这些工作吗？再等一下，就真会有改变？我真正能从工作中获得什么？我到底该怎么做，才能摆脱目前这种工作？

请记得，永远不要自己一个人闷着，不要钻毫无意义的牛角尖。今天你选择了读这本书，其实也就选择了一种与其他人（包括与有幸成为作者的我们）间接沟通的方式。可是，在大多数情境下，直接沟通的效果可能会更好些。去找那些和你在工作中积极配合的同事们吧！或者去和那些喜欢你，会给你建设性意见的好朋友聊聊天，把你能想到的具体的问题告诉他们。也许，你的困惑就能借助他们的帮助得以解决。

同样，如果你从阅读本书中获得了一些启发，也请把这些信息告诉周围的朋友和同事。**受益于你的人也更倾向于回馈于你**。也许你会因为这一时的热心，而在以后的日子里收获更多的帮助和友谊。

最后想说的是，这本书聚焦于职场，但书中讲述的道理和技巧，却又不拘泥于职场这个情境。沟通与影响，存在于我们的一呼一吸之间，存在于生活的每个角落。在"如何给你的经理提供反馈"的章节里，我们曾写道：有一条好建议是，要不断地利用各种机会肯定、夸奖或赞赏（正面强化）领导做得好的那些管理行为。要知道，**对于管理者做得好的那些事情，如果我们能够面对面地、及时地、积极地关注和评价，会有助于管理者在未来呈现更多这样好的行为**。仔细想想看，这些道理真的不只适用于组织中的上下级关系，也许还适用于你与父母、伴侣、孩子和亲朋好友之间的相处。不要害羞，不要对别人隐藏来自你的真诚的欣赏，不要吝啬你的夸奖。

正如我们在书中一再强调的一样：**每个人都在影响着别人**。如果这本小书能够给读者的工作和生活带来任何正面积极的影响，那也是我们的荣幸。

叶冉

2017 年 3 月 12 日

雅娜·德普莱斯博士简介

雅娜·德普莱斯（Jana Deprez）博士一直致力于将学术知识与实践相结合。她的研究兴趣包括向上领导（upward leadership）、追随力（followership）、行为诚信、主动性（proactivity）、创新，以及对职场年轻专业人员、"80后"（generation Y）等特定人群的研究。

雅娜刚刚在比利时鲁汶大学完成了她的博士论文，题为《梦想家：领导者该如何鼓励内部创业》。作为她博士工作的一部分，她在一个大型创新型公司内部研究该组织的领导风格。在比利时和荷兰，她访谈了几百名年轻专业人员及其领导，了解他们的期望和互动关系。她以改善领导者与年轻专业人员之间的互动为目的，归纳总结和设计了一系列沟通工具和技巧。在康奈尔商学院访问研究期间，她与同事共同开发了"权力和政治（power and politics）"课程。

雅娜于2009年在鲁汶大学获得了4个不同的硕士学位（组织心理学、管理学、应用经济学和教育学）。她广泛参与了志愿工作，并为阿特拉斯·科普柯（Atlas Copco）公司开发商业游戏。雅娜曾在比利时Vlerick商学院工作，教授领导力、谈判和社交技能课程，为MBA学生和管理人员提供高管辅导，并以此为机会开展了有关学习风格的研究。

目前雅娜已发表了5篇学术论文，共撰写了10篇仍在修订过程中的学术文章。除此之外，她还撰写了6篇教学案例（其中有3篇是她与Ecch一起出版的）以及1本内容为商业管理的书中创业部分的章节，这本书是她的第3本学术出版物。

在未来 3 年，她将继续在鲁汶大学担任博士后研究员，协调一个大型欧洲本地科研项目。该项目通过开发一系列免费、实用且可操作的研究工具与应用案例，意在鼓励组织内部的创业行为和主动行为。除此之外，她还在一些公司和组织内担任培训师和咨询师的工作，并在学校为心理学系的学生教授组织心理学课程。

雅娜博士网页：

https：//ppw.kuleuven.be/o2l/english/staff-o2l/00064556

https：//www.linkedin.com/in/janadeprez

马丁·乌尔玛教授简介

马丁·乌尔玛（Martin C. Euwema）教授于 1992 年在荷兰阿姆斯特丹自由大学获得博士学位，研究领域为组织冲突管理。马丁教授目前就职于比利时鲁汶大学心理学院，是管理组织心理学与专业学习研究中心的主任，同时也担任鲁汶联合管理中心（Leuven Center for Collaborative Management）与鲁汶争议调解中心（Leuven Mediation Platform）联席主任。

鲁汶大学的学术水平在欧洲处于领先地位，同时又是欧洲最有历史的大学之一。马丁教授除了在鲁汶大学教授管理组织心理学课程外，还在欧洲多家大学担任客座教授。马丁教授曾经担任国际冲突管理学会主席，在该领域享有盛名。马丁教授曾应邀在多个大型国际学术会议（IMTA，IACM，EAWOP，and AoM）做主旨演讲嘉宾。他在国际知名学术期刊上发表过超过 100 篇学术文章，并就冲突管理和解决、变化中的领导力出版过多本专著。

在学术活动之外，马丁教授也在欧盟委员会和欧洲多个政府机构担任顾问。同时，他还任职多家公司的领导力、职业发展、创新管理和冲突管理方面的咨询顾问。在比利时和荷兰，马丁教授还是多家法律事务所的学术顾问，为个人和企业客户提供家族企业成功案例的咨询服务。他通过一对一辅导，提高家族企业成员的管理水平，帮助家族企业创始人及其继任者建立内部冲突的预防及解决机制，并协助他们完成家族企业继承的平稳过渡。

同时，他还常年为公司领导者提供在谈判、冲突解决和管理方面的个别培训。他是比利时和荷兰官方认证的职业冲突调解员，并有针对不同领域（金融、工业制造、食品和快速消费品等）的家族企业内部矛盾进行调解的数量众多的成功案例。

马丁教授网页：

https：//ppw.kuleuven.be/o2l/english/staff-o2l/00055521

http：//www.greenille.eu/en/team-members/martin-euwema/

主要著作：

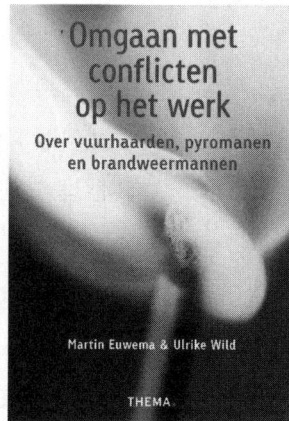

叶冉博士简介

叶冉博士（Michelle Ye）于 1999 年毕业于中国政法大学，获法学学士学位。她在 2004 年获得比利时鲁汶大学政治学硕士学位，并于 2014 年在比利时鲁汶大学获得组织心理学博士学位。

叶冉博士同时还是一位资深的人力资源管理专业人士。她在人力资源招聘、培训、绩效评估、吸引和留任人才，以及处理员工关系方面都有多年的工作管理经验。

叶冉博士曾在中西方不同文化背景下的多个跨国企业工作。她曾服务于不同行业（培训和教育、快速消费品、IT、电信、传媒及广告业）具有不同的公司规模或在不同的发展阶段的多个企业和组织。她不仅熟悉企业人力资源的运作，而且拥有市场、销售及运营等多领域／业务方向的工作和管理经验。

基于她的专业经验，叶冉博士的学术研究集中在探索管理辅导（managerial coaching）这一领导行为，并考察一对一的管理辅导行为在组织和团队层面的积极影响。她的研究课题还包括组织的多样性（diversity in organizations）、年轻职员的代际行为区别（generational differences）、创新生态系统（innovation ecosystem）、家族企业（family business）和跨文化背景下的学术研究。一方面，她的学术研究活动为她提供了深厚的理论基础以指导她的工作实践；另一方面，她所拥有的实际工作经验又丰富和引领了她的学术研究领域和方向。

在攻读博士期间，叶冉博士作为主要协调人，其跨校科研项目曾多次获得校际科研基金（China Fund）的资助。在刚刚结束的清华大学的博士后研究期间，她的课题又获得了国家博士后科研基金一等奖。叶冉博士还是多份高水平国际学术期刊和国际学术会议的审稿人，已发表期刊和会议论文 10 余篇。目前，叶冉博士在比利时鲁汶大学组织心理学与专业教育研究中心继续她的学术研究。与此同时，她还担任比利时某广告公司的大客户经理。叶冉博士是鲁汶联合管理中心的资深研究员。

叶冉博士网页：

https：//ppw.kuleuven.be/o2l/english/staff-o2l/00064556

https：//www.linkedin.com/in/michelle-ye-5115524

裴蓉教授简介

裴蓉教授，1962年生，祖籍江苏常州。1983年毕业于中国石油大学，获哲学学士学位；1992年在中山大学获得哲学硕士学位；1999年在中国人民大学社会学系（社会心理学专业）获得法学博士学位。1999年至今，任职于北京理工大学管理与经济学院，市场营销系教授，创办北京理工大学中外家族企业联合研究中心，任研究中心主任。她的职业经历丰富，先后在多家企业担任过高层管理的职位。

裴蓉教授是国际家族企业学会（IFERA）的资深会员，也是2017年IFERA@Taiwan区域论坛的组织委员会成员；她是"中国2015年家族企业创业发展国际会议"联合主席，"IFERA@CHINA 2010年家族企业发展机遇与挑战国际会议"联合主席，2009年"创业与家族企业可持续发展研讨会"大会主席；从2013年至今为全国经管院校工业技术学研究会沟通与谈判委员会特聘专家，是2006—2010年国家留学基金委评审专家，是2010年国家MBA教指委百篇优秀教学案例评审专家；2005年至今为国家教委学术论文专家库论文评审专家。

裴蓉教授早期的研究兴趣主要集中在企业发展战略与营销管理、管理沟通、社会网络及"关系"研究方面。从2008年至今，研究兴趣聚焦于创业与家族企业、中小企业研究。迄今为止，她已经在国内外重要期刊发表了几十篇论文；她也积极参加国内外专业学术会议，作为全国MBA管理沟通教学研讨会的资深组织协调人，已在会议上发表多篇论文及教学研究成果；在国际会议IFERA年会上，已有十多篇论文在国际会议上宣读；出版著作、译著以及参与合著部分章节写作的出版物共有十多部；主持或参与多项国家级科研项目。2011年，她与王勇教授合作的研究课题"中英家族企业动态能力比较"获得Ernst & Young and IFERA研究基金。

　　裴蓉教授具有开放的教育理念和生动活泼的课堂教学艺术，教学经验丰富。她在北京理工大学讲授的课程主要有《管理沟通》《市场研究实务》《现代营销专题》《市场调查与预测》《品牌管理》等；目前主要讲授《管理沟通》《创业与家族企业管理》《营销管理创新前沿》等课程。她是北京理工大学管理与经济学院EMBA、MBA、MPA、PMP等专业硕士及EDP高管培训的重要课程《管理沟通》的讲授专家，2015年获得北京理工大学第八届顺江MBA奖教金优秀教师，她也是"青年创业基金创业教育实践基地"北理工《创业教育课程》的指导教授。

　　裴蓉教授不仅专注于学术研究，还积极投入社会服务。先后担任多家企业的咨询顾问和培训顾问。为中国电信、中国网通、广东电力、国家电网培训中心、北京城市管理委员会培训中心、苏州金龙、正大天晴等多家企业或部门提供专门的内训或管理咨询，也曾受工信部、工商联、中职协等部门和机构的邀请，为家族企业创始人、接班人、职业经理人等讲授家族企业传承与管理课程。她还成功策划过一些具体项目，曾多次被培训单位誉为"金牌教授"。近年从事创业与家族企业、中小企业研究以来，她积极参与企业实践活动。2015年至今，她是中国民营经济研究会家族企业委员会特聘学术顾问；2014年至今，她是《家族企业》期刊特聘学术专家、《家族企业》期刊女性专栏作者、中国家族企业传承研究联盟的研究员、家族企业研究基金会合作学者、《家族企业》杂志会员俱乐部顾问；2010—2014年，她受聘南开大学现代管理研究所（民营经济研究中心）特约高级研究员等；与此同时，她还担任河北大午传承管理咨询公司高级顾问、浙江同君商学院＆同君私董会的智库专家、江南私董会的私董、北京中天创域投资咨询有限公司资深专家、北京网学时代教育科技有限公司私人教练等。

http://sme.bit.edu.cn/zw/szdw/jxzy/scyx/6232.htm

http://sme.bit.edu.cn/Home/enszdw/enjxzy/enscyx/7907.htm

前　言

　　当今社会，企业越来越期望获得独立、自主的员工。有一些领导甚至会要求下属反驳他们（例如亚马逊的首席执行官杰弗里·贝索斯[①]）。但是如何能做到呢？直接把你的想法和需求告诉你的上司——这件事可并没那么容易。特别是对于年轻员工来说，他们很难去权衡到底哪些话该说？哪些话不该说？什么事情该做？什么事情不该做？自己提出的需求是太多，还是根本就太少了？在一个新的组织中安安稳稳工作的同时，还要保证实现自己的职业生涯目标，这看起来似乎很难达成。并且，他们究竟怎样才能获得更多的反馈，帮助自己成长和提高呢？

　　你与顶头上司之间的合作非常重要。毕竟，这决定了你工作的基调。如果这是你的第一份工作，可能你的领导会帮助你定下工作基调。即便如此，你也可以发表意见，然后由你和你的老板合作"谱写你的职场新篇章"。这里说的"合作"，就是你和领导相互协调、互相影响的过程。

　　作为员工，如何能对你的领导产生影响？这是一个非常值得讨论的问题。因为对于员工来说，能否与领导形成良好的默契与互动，这对员工的工作表现、职业发展、工作满意度，以及他们在团队和组织中的作用和地位，都至关重要。

　　那么，你真的可以影响你的领导吗？如果可以，你又该如何以行之有效的方式来影响你的领导？而这种影响真能达到有利于你们双方合作的效果吗？以上这些问题就是本书的核心，即"如何管理我的领导"。

　　人们曾经对于"管理我的领导"这个想法心存疑虑。对一些人来说，即使现在，这似乎都不太可信，我真的能够对我的领导产生影响吗？而对另一些人来说，这甚至可能是不能理解的，难道"影响别人"不是"操控别人"的同义词吗？这

[①]　美国互联网巨头亚马逊公司创始人及现任董事长兼 CEO，华盛顿邮报大股东之一。

听起来太不尊重人了……

很多员工对领导分配给自己的任务、领导的管理方法以及领导缺乏反馈等情况都并不满意。但是，他们却并没有对此做些什么。读完这本书后，你将知道可以用不同的方式来影响你的领导。基于这些积极的影响，你将有可能获得更适合你的任务，或者创造一个更好的工作环境来增强你和领导的关系，又或者你会有更多机会获得个人成长和职业上的发展。另外，员工并不总是能够意识到，他们其实已经有意或无意地影响着自己的领导。通过阅读本书，你也很可能会意识到，原来你已经在忙着管理你的领导了——它其实比你想象的更常见，也更容易。

在本书中我们对上述问题进行了详细阐述。我们分享了一些对管理和领导能力产生影响的科学知识，并考察了员工可以承担的几种不同角色。我们也结合实践，描述一些来自年轻员工的在"管理我们的老板"上的成功案例。在中国、比利时与荷兰，我们与上百名员工、管理人员和人力资源经理开展了数十次的焦点小组访谈。我们从中概括归纳出了领导对员工的期望，以及作为员工应当如何回应这些期望。我们相信，这些精选出来的个人陈述 [①] 会有很多能让你忆及自己的工作环境，并产生感同身受的体会。此外，我们还描绘了一些管理者在管理方式中常见的管理隐患。同样，我们也会讨论，作为员工，大家该如何更好地面对领导的这些管理隐患。最后，我们还会讨论那些为数众多的年轻员工正在苦苦挣扎的职业困境。

较之以往，今日的年轻员工需要在更大程度上做他们自己工作的主人。作为自己人生的管理者，他们正越来越以自己的眼光从不同程度上塑造着自己的工作。在这个过程中，如果一位富有经验的管理人员能够给予他重要的帮助，如果他可以担当你的教练、导师，带你熟悉所在的领域，那将在很大程度上助力你的职业和个人发展。反之，你的领导也很可能会成为你前进道路上的严重阻碍。如果实际情况如此，那么你该如何获得领导的支持？如何确保你能说服他同意你的观点，让你获得你所期望的？你该以何种方式给他的管理方式提出自己的意见和

---

① 出于保护受访者隐私的需要，本书中所有提到的受访者姓名皆非受访者的真实姓名。

建议？很多年轻的员工正在寻找这些问题的答案。

下面，请翻开本书，让我们一起来寻找这些问题的答案吧！

雅娜·德普莱斯（Jana Deprez）博士

马丁·乌尔玛（Martin C.Euwema）教授

叶冉　博士

裴蓉　教授

致　谢

我们感谢比利时鲁汶大学（University of Leuven）、清华大学、北京理工大学的相关研究团队，荷兰合益集团（Hay Group），思腾教育集团（Schouten& Nelissen），以及 Gak 机构的支持。这些机构和组织的帮助我们开展和调动各项资源，最终圆满实现了我们最初的研究构想。

我们还要感谢 Boudien Krol 博士、Teun Jaspers 教授以及清华大学吴金希教授对本项目提出的宝贵意见。

本书中，英文部分的手稿由比利时鲁汶大学心理学系博士研究生张晓蕾协助翻译。作者在此特致以诚挚谢意。

非常感谢 Gak 学院的工作人员。他们的协助，使我们能够开展并实施本研究课题，可以说他们的支持确保了本研究能最终取得成果。我们特别感谢 Boudien Krol 和 Teun Jaspers 反馈的宝贵意见。我们还要感谢参与这个研究项目的其他人员，首先是帮助我们完成调查问卷并参与焦点小组的热心企业和参与者，他们确保了我们有大量有意义的实践经验与读者分享。其次，我们感谢 Schouten & Nelissen 的培训人员为我们组织了那些令人兴奋的焦点小组会议。再次，我们还要感谢在这个项目中帮助我们的其他同事和学生：Noor、Rosanne、Evelyn、Marc、Tijs、Emile、Hein、Alder、Eva、Jacqueline、Brigit、Sheila、Louise、Marie、Gery、Meriem、Jolke、Josine、Annemieke、Cennet 和 Geert-Jan。最后，非常感谢那些帮助我们使用数据库的同事们。

本书的部分研究工作得到了比利时鲁汶大学与清华大学校际科研合作基金（China Fund, Tsinghua-Leuven, ISP-China, Project code: 3H150182）的支持。

本书的出版得到了中国博士后科学基金(资助编号 #2016M590109)项目的资助。

目 录

第 1 章

对你的领导，是否该服从？如何服从

"在健康的组织中，员工通常会以一种适度的、健康的方式，对他们的经理**少给予一些尊重**。"

——彼得·圣吉 [①]

"有权势的人通常喜欢在发言时听到周围赞许的声音。但赞许不一定总是好的。所以，有时候，你不妨向身在高处的那些人说出你自己真实的想法。如果你用你的热情感染了他们，最终你就有可能赢得他们的关注。"

——亚历山大·克洛平 [②]，（新鹿特丹商业报，2014 年 3 月 28 日）

直至 20 世纪中期，领导者都被视为我们社会中的强人。作为引领者，他们有责任去鼓舞和引导员工。在学术文献中，那些员工往往被称为"追随者"或"下属"（follower）。在大多数经典的有关领导力的理论体系中，都刻画了一个"焦点领导者"的形象，并集中探讨领导者的人格、行为和管理风格。如果我们只从领导者这个角度来看问题，员工就会毫无意外地被视为领导与管理行为的被动接收者。

近年来，有关领导力的理论研究发生了方向性的转变。这些变化主要集中在

---

① 彼得·圣吉（Peter M. Senge）：美国管理学家，麻省理工学院资深教授，代表著作《第五项修炼》。

② 亚历山大·克洛平（Alexander P. Klöpping）：荷兰人，互联网企业家，从事电子消费行业，也是一位在线记者和演说者。

对领导者自身位置和作用的看法上。如何看待和理解领导与员工之间的交互作用，已经逐渐成为研究领域中更惹人关注的课题。不仅在组织实践中，而且在领导理论体系中，越来越多的研究者提及了管理者和员工之间的交互作用的关键性。研究者还发现，员工自身的一些个性、特点会对员工与管理者的协调性产生深刻影响。时至今日，在公司或者组织中，越来越多的工作内容不再是以部门为单位，而是以项目团队或小组的形式开展的。在这种情况下，团队或小组中的员工也随之越来越要求自主。于是，由领导设定轨道，由员工进行建设性、批判性的思考，并最终由员工自己承担责任的工作模式变得日益重要。

前文中引用的彼得·圣吉的话表达的意思是，员工对领导健康、适度地少表示些尊重，反倒对整个组织提倡效率有益。这种说法具体是什么意思呢？彼得·圣吉认为，对领导抱有太多的尊敬，有可能会导致员工的盲从。但是，如果"缺乏尊重"的程度太高，员工对领导给予的尊重太少，也有可能造成难以驾驭员工的组织无秩序状态。上面提到的这两种极端表现在现实中其实都有。它们既是社会议论的热点，也是学术文献中集中讨论的议题。接下来我们就来具体了解一下这两种情况。

■ 1. 权威

（1）对权威缺乏尊重

与中国这种传统的以集体主义为社会文化背景的国家不同，有些国家奉行个人主义，其社会有着更松散的结构。以个人主义为社会背景的人，更有可能把自我视为独立于其他人的独立个体。个人的主动性和自主性在个人主义文化中得到尊重和重视。荷兰人就经常说他们对权威缺乏尊重。在企业组织中，个人主义文化背景的下属可能喜欢与他们的领导保持较少的私人关系，以维护他们在工作中的独立性和自主性。个人主义者在追求个人发展时可能较少依赖他们的领导。在荷兰，领导并不会因为自己在领导的位置而迅速得到他人的尊重，他们应自己通过各种方式"赢得"那个受尊重地位。

（2）对权威太过尊重

米尔格伦实验的一个经典实验[①]显示：即使管理者下达与人们的意愿相冲突的指示，在特定情境下，人们也倾向于服从。

延伸阅读：

米尔格伦实验：权力服从研究（1963）

耶鲁大学通过报纸广告，付费招募了一些参与者进行一项有关"记忆"的研究。在测试组中，实验的参与者在实验的开始阶段就收到了关于实验内容的信息：实验的目的是考察以电击为例的体罚方式对被试者学习能力的影响。实验的参与者里隐藏着一名预先安排好的、已经了解实验目的的"演员"。但他的身份，实验的其他"真正参与者"并不知情。通过"抽签"的形式，"真正参与者"们要依次扮演"教师"的角色。而那名"演员"则按照之前的约定扮演"学生"的角色，并在实验过程中与实验主导者相配合。

在实验期间，"真正参与者"和"演员"被一堵墙分开，彼此看不见对方，只能通过声音交流。实验参与者（他们的角色为"教师"）会读出一组配对单词列表。那个单词表是需要那名"演员"（他在实验中的角色为"学生"）记住的。如果"学生"做得不好，就要接受由"老师"控制的机器发出的电击惩罚。"学生"每错一次，电压就要增强15伏特。隔着一面墙，那位配合扮演"学生"的演员其实并没有接受真正的电击，但是这个情况，"真正参与者"们是不了解的。"学生"会根据"教师"施加的电击强度而表现出相应程度的痛苦惨叫（事先录制好的）。当电压增加到300伏，他按照事先的约定，开始敲打墙壁。数次敲打墙壁后，他会开始

[①] 米尔格伦实验（Milgram experiment）：又称（权力服从研究，Obedience to Authority Study）社会心理学的经典科学实验。想了解更多吗？请参阅：Hamilton，V.L.，& Kelman，H.（1990）. Crimes of obedience: Towards a social psychology of authority and responsibility. Yale University Press.

抱怨自己的心脏问题，此后就会有一个听起来仿佛跌倒的响声。如果电压持续提升，"学生"就停止回答问题了。虽然实验的"真正参与者"们也非常清楚地意识到他们的行为很可能是非常危险的，他们随后也确实对这个实验的设计产生了疑虑，但是大多数"真正参与者"仍然选择了继续，并一直按照规定，把电击的强度增加到了最大值450伏。在整个过程中，"真正参与者"们并没有被强迫继续实验。他们本来都是能够退出实验的，然而，来自实验设计者的坚定鼓舞，却足以让这些"真正参与者"们继续对隔墙的那位"学生"实施更多的电击行为。

显而易见，对上司的简单服从并不总是可取的。如果员工总是喜欢躲在领导身后，那么他们一直被领导所忽视并不奇怪。

如彼得·圣吉所说，组织越来越多地要求并且明确期望员工能积极主动，将经验和职业生涯独立地掌握在他们自己手中。因此，员工不应该只是被动地服从。目前的学术研究也遵循了这种趋势，开始越来越多地关注领导和员工之间的关系，以及员工对领导和组织自下而上所产生的影响。

与个人主义社会文化背景不同，集体主义文化强调组织成员之间的相互依赖。人与人之间彼此往往有更密切的人际关系。因此，集体主义文化中的管理者可能更关注下属的工作甚至与个人生活相关的问题，并使用管理辅导（managerial coaching）来帮助他们解决问题。研究者曾认为，组织中的主管—下属关系被认为是家庭中父子关系的延伸[①]。因此，领导者应该对其下属的个人问题和职业发展负责，而集体主义文化背景中的下属更有可能感谢来自领导的关心和支持，因而对权威和领导表现出更多的尊重。

然而，随着中国社会人口结构的进一步演变，研究表明，以"80后"为代

① Jung, D., Bass, B. M., & Sosik, J. J.（1995）. Bridging leadership and culture: A theoretical consideration of transformational leadership and collectivistic cultures. Journal of Leadership & Organizational Studies, 2, 3–18.

表的职场一代具有更开放、更直接的沟通方式，他们对多样性和个人差异的尊重，以及他们前瞻性的思考方向，将有利于员工从自己的角度更主动地关注和寻求个人的发展与创新[①]。

在这一章中，我们简要概述了过去几十年里领导者的形象都发生了哪些变化，以及员工对领导者的影响如何在此过程中变得愈发重要。接下来，我们会讨论不同类型的"下属员工"，并帮助读者发现他们自己所属的类型，以及如何优化自己所属的类型。最后，我们会总结一些对员工非常实用的提示和技巧，从而帮助他们在认识自己的基础之上，成为组织中和与上司关系中更为积极、主动的角色。

■ 2. "伟人"到"服务式领导"

在20世纪初，"伟人"理论（great man theory）是社会对领导者看法的核心。该理论认为，你天生就有可能（或没可能）具备某些使你将来成为管理者的特征。那些"伟人"，自出生就拥有足够优秀的智力、非一般的社会阶层与身份，以及优秀的身体素质。这些优势确保了他们在任何情况下都最适合成为领导者。当时的学者将管理者的角色理想化，并声称一个人要么是"领导者"，要么就"没有价值"[②]。这里的价值与该人对他人的影响力和名声密切相关。

根据这个理论，那些不具备"先天领导素质"的人没有别的选择，只能自觉地服从命令。基于此，领导们一直积极地控制着这些被动的、顺服的"下属"；反过来，后者也只能一直乖乖地服从前者的命令，既没有能力，也没有空间去自己做出决定。

从20世纪60年代开始，在西方社会，领导者的形象开始发生改变[③]。人们更

---

① Shen, Y, Hall, DT, & Fei, Z.（2007）. The evolution of career success: Doing well in China. Paper presented at the Academy of Management, Philadelphia.

② Mary Follett describes in a book the spirit of the thirties（170 p.）: Follett, M.P.（1996）. The essentials or leadership. In Graham P.（Ed.）, Mary Parker Follett: Prophet of Management（pp 163-177.）. Harvard Business School Publishing.

③ Baker, S.（2007）. Followership: the theoretical foundation of a contemporary construct. Journal of Leadership & Organizational Studies, 14, 50-60.

加注重工作的人性化。管理者也开始接受相关的培训，并越来越多地关注员工的福利。同样，人们对员工形象的关注再也不拘泥于由管理者设定的受雇者这个固定角色，转而更加强调员工的个人责任和专业知识。但现实中，许多公司都很难做到这一点，因为组织的成功与否似乎仍然直接取决于那些被传奇化和英雄化的领导。在这种情况下，员工只不过是领导为了达到特定的结果（例如实现利润目标）而在管理活动中所需的情境因素。虽有一些公司向其员工承诺终身雇佣或提供永久合同，但也被理解为是为了获得员工的忠诚，并要求员工以辛勤的工作来作为回报。在这个阶段，传统的思维方式发生了初期的小小变化，员工的角色仍然被管理者角色的光芒所遮盖。

延伸阅读：

体育和音乐界中对领导的观点的变化

■ 在 20 世纪初，指挥家这个角色其实可以说是个暴君的形象。他们将自己的意志完全强加于乐团之上，即使是由顶级音乐演奏家组成的乐团，也不能幸免。而如今，有意思的是，指挥家往往谦称自己为乐团的"仆人"。

■ 在西方，球队也不再是教练的"一言堂"，即便是在球队教练自己已经有了一个明确目标的情况下。现如今，他也需要与他的球队成员互相沟通，以良性的互动关系来使球队成员认可他自己心中所确立的目标。如果绝大多数球员都不喜欢这个教练，那么解雇这位教练，也可成为球队的选择之一。

随着 20 世纪 80—90 年代新技术的进步，组织结构变得更加扁平化。权力和责任被更多地授权给各个业务层级，员工个人的主动性也随之得到了更多的鼓励。其实这些变化对员工和管理者来说，都不那么容易，毕竟他们都需要改变自己原本的做法。如果员工还像以前那样听命于领导的指示，就会被贴上"温顺的羔羊"的负面标签；而那些没有授予员工足够权力的管理者则会被描绘成专制的"恶霸"。

时至今日，我们的社会比以往的任何时候，都更加注重员工的积极作用。为了确保组织能够持续盈利，组织对其中每个员工的要求都是通过主动和创新的行为，为组织的成功与成长做出明确的贡献。一个突出的例子是，以自我为导向的团队运作模式越来越受到学术研究人员的关注，因为在这种团队中，领导的角色似乎被重新解释了。"服务型领导"① 方式越来越受到鼓励，领导要为自己的员工服务。"作为经理，我能为你做什么？"——这是员工经常被问到的一个问题。"服务型领导"非常擅长倾听员工的需求，以助力他们的发展。这种领导者通过发挥服务性、合作性的方式与风格，使得员工在团队中的工作绩效得以改进。

如前所述，管理者的角色在这些年发生了巨大变化。如今，在项目管理的情境里，员工既可以在一些项目中担任领导、协调与统筹者的角色，也可以在另一些项目中接受别人的领导。在这种情况下，"下属"和"领导"都是可以由不同员工担任的。在特定情况下，"下属"和"领导"甚至可以是同一个员工的不同角色，不管他们是否在组织结构图中真正拥有正式的"领导"或"经理"的职位。资历较深的员工经常可以担当项目团队里的（非正式）领导者与协调者。下面是一位资历较深的员工向我们解释他如何在多个项目团队中担任不同的角色。

"在我领导的项目团队中，鉴于我名义上并没有'经理'的职位头衔，所以，我也不会对我的团队中的成员实施压制性的管理行为。相反，我花了很多时间来做说服和解释的工作。当我了解到某位员工不喜欢某个特定的任务时，我会告诉他很快会有一个更好的任务给他。我试图缓解他们的痛苦，并从人性化的角度观察：为什么人们不喜欢他们在做的事情，而我又能做些什么使这种负面情绪更快地消失，或者干脆使他们从工作中获得快乐。实际上，从工作职责上讲，我更希望我能像自己的老板那样，将任务直接派发给别人，但是我的职位（是员工而非领导）

_____

① 服务型领导（Servant leadership），也称"仆从式领导"。它既是一种领导理念，也是在西方发达国家的组织与企业中，一套行之有效的领导实践。相较于传统领导力模式与理论，服务型领导下放、分享权力，把员工的需要放在首位，提高员工的工作绩效，发展员工的职业技能。

既不允许我这么做，我的团队成员也不会接受我这么做。我也经常和我的妻子讨论这些，她也认为我不是那么强硬的人，其他人也不会相信我是那样的人。我担心自己其实并不具备相应的领导能力，担心自己的个性和管理方式太软弱了。"

——林巴斯，资深专家，41 岁

值得注意的是，作为一名资深专家，林巴斯其实指导和帮助了不少同事。他是用一种"以人为本"的管理与沟通方法，对他项目组里的团队成员的个人需求表示出很大程度的关注。但他觉得自己似乎缺少"强硬"的手段，未成为一个出色的管理者。由此看来，尽管大家貌似都接受了普通员工也能在特定项目中担任领导和统筹角色的事实，但是，经典的管理者或者领导的形象——即领导者应该手段强硬地行使他们的权力——仍然在大家的思想中执着且鲜活地存在着。

不过，在我们的访谈中，也出现过受访者表达出不同的看法。

"如果可能，我其实期望我的上级来领导我。我的意思是说，他得有胆量找员工谈话，跟员工反馈一下他们的行为是否让他满意。可惜，我认为现在领导在这方面做得很不够。他们忙于各种事情，几乎没有付出精力去驱动员工的上进心，纠正员工的不良行为。"

——斯蒂夫，CEO，56 岁。

领导者的形象应该是什么样的？其实答案并不总是很明确，因为领导者的形象与员工对领导者的态度密切相关。

▧ 3. 员工的影响

没有员工，就没有领导。领导者和员工是相互紧密交织在一起的。如今学术界关于领导力的研究（leadership studies）已不再只是研究领导对员工的影响力，而是转向研究管理者和被管理者的双边关系，例如，有研究表明，从顶层领导到最底层的临时雇员，每一名员工都有影响他人的态度、价值观和行为的潜力[①]。在本书后面的章节里，我们会继续探讨学术文献中所提出的一些影响他人的有效方法。但首先特别重要的是，我们要知道**每个人都在影响别人**。

我们并不总是能意识到，我们对每天工作在自己周围的同事会产生多大的影响力[②]。原因之一，是因为我们往往倾向于将同事的行为归因于他/她的人格或性格特征[③]，而非自己的行为对他的工作环境所带来的影响。就这样，情境因素（situational factors）就被我们低估了。也正基于此，即使已经有了非常清晰、非常明显的情境因素导致对方做出这种或者那种行为，我们也通常意识不到，那其实可能是因为自己的行为对对方产生了特定的影响。一个明显的例子是：

"我每个月都和我的老板一起讨论我手中正在进行的项目。在那些定期会议中，每次我都能从他那里获得明确的反馈。因而，我了解我在哪些地方做得很好，而在哪些地方还能提高。我认为这也是我老板的工作职责（对下属的工作表现提供反馈意见），对吧？在我刚开始来这儿上班时，在我与我现在的老板第一次开会的时候，我就明确表达过希望能获得定期的反馈，因为这对我而言非常重要。但我猜，他也想不起来这事了。"

——小艾，人力资源员工，24 岁

在这个故事中，小艾从她的经理那里得到了很多建设性的反馈。然而，在她的头脑里，她把自己所观察到的经理的这些行为，归因于经理的工作职责。她似乎不清楚，其实经理给她的定期反馈，是因为她在那次讨论中明确地表达过自己对于工作反馈的需求和期望。而她的上司也正是基于这点，做出了回应。

---

① Kelley, R.E.（1992）. The power of followership: How leaders want to follow people, and create followers which lead themselves. Broadway Business.

② Bohns, U.K., & Flynn, F. J.（2013）. Underestimating our influence on others at work. Research in Organizational Behavior, 33, 97–112.

③ Ross, L.（1977）. The intuitive psychologist and his shortcomings: Distortions in the attribution process. Advances in Experimental Social Psychology, 10, 173–220.

作为一个职场新人，你会专注于你所在的组织的文化和氛围。这种组织文化也会对你自身进行着塑造。渐渐地，你在日常工作中和与同事的互动里知道了什么可行、什么不可行。通过这些潜移默化的方式，你学习了公司的价值观，并了解了组织对于工作绩效的期望程度。刚开始，适当地与同事的交往会对你有所助益；而等你渐渐融入进来了，就知道别人对你有怎样的期望。但你自己对某些事情也有强大的影响力，也会最终体现为一种文化。这其中的难易，米可可以明确地告诉你：

"我常常对很多的任务都有点过于兴奋。我觉得我的工作真的超级有趣，我很高兴有机会为我现在的老板工作。因为我的热情，我经常工作到很晚，周末也常常工作并收发邮件。我也总是能很快收到来自我经理的回复，我认为这真的很棒，这说明经理和我都在非常投入地工作。但在我上一次的业绩评价中，我收到一个关于此事的评论。显然，我在非工作时间总保持工作联络的习惯，让我的其他同事倍感压力。他们害怕大老板会据此认为，我这个新来的比他们干的活更多，而这样的想法会让老板很容易认为我的同事在偷懒。我自己从来没有意识到，我那些小小的电子邮件能对领导和同事产生这样大的压力。何况，这也并不是我的初衷。现在，我还是像以前那样热情地工作，但是会将邮件存在待发箱里等着早上发出。这么做了以后，我的同事似乎都比以前快乐了。"

——米可，科研助理，25 岁

米克无意识地对其领导和同事产生了强烈的影响力，而她对这个问题的处理方法，则有助于她适应公司的文化。

其实，员工不仅能通过主动采取行为来影响领导，还能通过被动做出的行为影响他人。例如，对领导的意见和决定持保留意见，但不去明确地表示反对或质疑。来看看汉斯的例子：

"我所在的部门里除了我以外都是女士。从年龄上讲，她们都是我母亲或祖母那辈的人。而我的经理呢，他其实是一个严重的性别歧视者。尽管他没怎么太粗鲁地当着大家明说他的观点，但他骨子里其实就是认为男人在一切事情上都会比女人做得更好。他认为我是整个部门最有能力的，尽管我其他的女性同事已经比我在这个岗位上多干了 20 多年。不可否认，我作为一个男人的事实，使得我所有的建议在他眼里都是极好的。即使有女性同事提出相似或者甚至同样的建议，他也只会听我的。所以我能得到所有有趣的工作，我也能把一切任务较好地完成。但这个情况无论对我还是对我组里的女性同事来说，都是不公平的。我得尝试慢下来，否则，同事们会不再觉得我是个有同情心的人。说得容易，做得难。我一直为此而努力，但其实直到今天，这种情况仍然没有什么改善。有时候，当我的经理过于偏袒我的时候，我真怀疑他是否真的知道自己在做什么。"

——汉斯，记录管理经理，26 岁

汉斯通过对领导的明确指示不作回应，隐含地传递出了他的不认同。

"在我一次又一次对他的毫无理由和根据的夸奖表示无动于衷之后，我的老板恐怕也是觉得无趣了。他终于停止当着其他女同事的面再这么做了。"汉斯后来补充道。

从汉斯的例子可以看到，不论是主动行为还是被动行为，员工都可以利用他们的影响力，来影响领导对他们的指导和管理。

"我在如何管理我的经理这个问题上遇到了一些麻烦。我的想法是，我也许应该准备好和经理开诚布公地讨论，向她直率地表达出我自己的愿望。但我又很怀疑，直接这么做真能起到什么作用吗？所以，我决定不去直接告诉经理我对她的期望，但我会偶尔地、时不时地暗示我的想法、需求和对她的期待。"

——布莱姆，实习顾问，24 岁

"对你的领导者施加影响"的想法对许多人来说似乎是陌生且不能被实现的。我们为编写本书而组织的讨论小组的成员的发言，很清楚地说明了这一点。许多年轻的参与者最初都表示，他们不会试图影响他们的领导。而当我们继续追问下去时，他们其实能举出一些例子，并说明他们有可能会去尝试的一些事情。"我会隐秘地做一些事情，来影响我的领导"——这个陈述表明了员工与领导之间仍然不能针对"管理我的领导"这个问题展开无保留的对话和沟通。

即使当代员工较之以往已经能更加积极地"管理"他们的领导了，但他们仍然没有意识到，他们对自己的领导或者是他们的工作环境所能产生的影响到底有多大。而即使对于那些已经意识到了这个问题的员工来说，单单是与外人讨论它，也似乎让人觉得并不那么舒服自在。

▉ 4. 不同类型的员工

在上一节中，我们探讨了学术界对员工群体进行研究的方向转变。到目前为止，对员工角色的学术研究主要集中在如何识别不同类型的员工以及研究不同类型的员工会如何服从管理者的领导。许多学者一直在试图描述员工的不同特征。虽然到目前为止所提出的模型的科学基础仍很有限，但它们已经能够帮助我们初步地概括和描绘不同类型的员工的不同行为方式。例如，有学者提出了胆量型[①]、参与型[②]和批判型[③]三种类型的员工。在这一节中，我们将使用我们同事的研究成果[④]，该模型集合了各种研究流派的观点并整合为一体。

该模型主要基于 Kelley（1992）提出的模型，它将人们对领导的态度分为两个维度：采取主动行为和批判性思维。主动和被动的员工在第一个维度上的表现是不同的，"采取主动"在这里被视为是正面的，即积极参与建设组织的未来；第二个维度"批判性思维"则将员工分为独立的思考者和非独立的思考者。Kelley 认为独立的思考者能够更好地接受建设性的反馈意见。

如果我们结合这两个维度各自的极端，就可以区分出四种类型的员工，如下图所示：

[①]　Chaleff, I.（1995）. The courageous follower. Berrett-Koehler Publishers.

[②]　Kellerman, B.（2007）. Followers citizenship. Harvard Business School Press.

[③]　Kelley, R.E.（1992）. The power of followership. Doubleday Business.

[④]　Tuteleers, C. & Stouten, J.（2013）. The power of followers. Master Thesis KU Leuven.

批判性思维

追随

疏远型
（Alienated）

自信型
（Assertive）

顺从型
（Conformist）

支持型
（Supporter）

消极被动行为　　　　　　　　　　　　　　主动行为

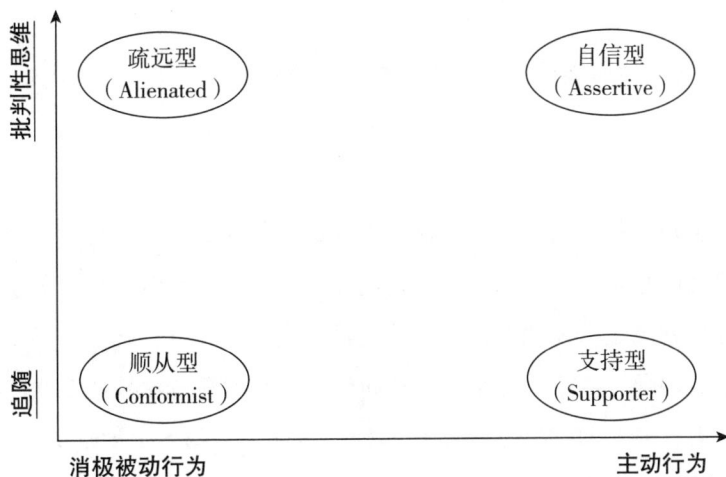

四种类型的员工

（1）疏远型（Alienated）

这类员工会考虑自己认为重要的工作内容，不会简单地听从领导的指示或示范，但是他们很少主动讨论与工作有关的问题，而且往往不去思考存在的问题。当领导指出某个工作方向时，这类员工会保持沉默，或者表示怀疑，甚至嘲笑。他们的反对虽然很不明显，但可能会以消极被动的形式对工作项目本身和团队士气产生破坏效果。

（2）顺从型（Conformist）

这些温顺的员工有时被称为"温顺的羔羊"。顺从型员工在领导做出各种决定的时候，他们的认同与服从会尤其引人关注。他们会按照领导制定的具体指示或详细的工作指导来开展工作任务。比起采取主动，他们宁愿依赖别人。

（3）支持型（Supporter）

这类员工几乎总是支持他们的领导，永远把自己放到支持的立场上。他们会耗费大量的精力去工作，但也需要大量的指导和组织制度资源，他们也需要明确项目成果的可控性。他们所寻求的管理者最好是总能替他们做决定的那类领导，他们还期待管理者帮自己确定工作方向和愿景。支持型员工经常把自己描述为"执行者"——当他们能够正确完成交给他们的任务时，就感到很快乐。

（4）自信型（Assertive）

这类员工是自我启发者。领导在授予他们工作时必须说服他们。他们非常强烈地坚持自己的想法和观点。因此，他们更倾向于寻找与领导讨论的机会。当他们同意了领导的决定后，他们会真正认真地落实工作任务。自信型员工往往是部门内的非正式领导，甚至是无冕之王，而他们也确实愿意承担更多的任务。

时至今日，越来越多的雇主将会越来越多地（不得不）欣赏自信型的员工。这类员工会公开表达自己的观点，采取积极主动的态度，独立思考解决问题的方法。但根据具体情形和管理者的不同，自信型员工也需要学会运用另一种风格。例如，考虑一下，是否要在所有的管理者面前都自在地表现出独立思考的能力，特别是在与领导和其他同事观点相左的时候，如果你的领导喜欢被一群唯唯诺诺的人包围，那么在你发表你最真实的意见前，恐怕还是要三思。在这种情况下，或许你应该考虑换个工作或换个领导，使得你自己的观点能得到真正的赞赏，而不是像唐吉诃德一样徒劳地战斗。

想一想，与领导讨论时，你在多大程度上有能力并且有意愿在组织中提供你的个人意见？如果你在这两个方面的分数都很低，那么认真考虑一下，你真的属于现在的组织吗？如果你提出的意见得到鼓励，并真正与组织的目标一致，那么你可能在别人眼里成为一名有价值的员工。

■ 5. 自我测试：你是哪种类型的下属

你是哪种类型的下属？做个测试[①]吧！

想一想你通常如何与你的经理打交道以及你是如何处理工作的。仔细阅读

---

① 源于：Kelley, R.E.（1992）. The Power of followership: How to Create Leaders People Want to Follow Who Lead and Follow Themselves, p. 89–97. Copyright © 1992 by consultants to Executives and Organizations, Ltd. Used by permission of Doubleday, a division of Random House, Inc.

以下陈述，并表明你在多大程度上符合该陈述［请选择"基本正确"（1分）或"基本不正确"（1分）］。

（1）我会公开向我的经理表达我对工作相关问题的意见。

（基本正确□ 基本不正确□）

（2）有不同的想法，我会与经理讨论。

（基本正确□ 基本不正确□）

（3）在团队会议中，我发现自己会对经理的想法提出一些有建设性的建议和意见（且不一定与经理的想法一致）。

（基本正确□ 基本不正确□）

（4）必要时我会与经理一对一地进行有建设性的甚至带有批评意见的对话。

（基本正确□ 基本不正确□）

（5）我会主动找我的经理讨论问题。

（基本正确□ 基本不正确□）

（6）当我了解到我们的团队正面临着挑战时，我会主动去解决。

（基本正确□ 基本不正确□）

（7）如果我的工作中出现问题，我会积极地找我的经理寻求他的意见和建议。

（基本正确□ 基本不正确□）

（8）在与工作内容相关的问题方面，我会担负起应有的责任。

（基本正确□ 基本不正确□）

评分和解释：

第1题至第4题测量你的"批判性思维"。数一下你有多少个题项选择了"基本正确"，并记下你的分数。批判性思维的总得分 =_____。

第5题至第8题测量你的"主动行为"。数一下你有多少个题项选择了"基本正确"，并记下你的分数。主动行为的总得分 =_____。

这两个分数表明你通常在对抗你的领导方面的表现。分数越高，说明你越具有批判性，并在与领导接触时表现得越活跃。小于或等于2分是低分数，大于或等于3分是高分数。据此，在下表中，看看你是哪种类型？

测试类型

风　格	"批判性思维"分数	"主动行为"分数
自信型（Assertive）	高	高
疏远型（Alienated）	高	低
支持型（Supporter）	低	高
顺从型（Conformist）	低	低

▇ 6. 技巧与提示

"我的员工想要什么？我真的不知道。即使我询问他们，也没有多少人会发表意见。"

——邬特，经理，32岁

"我的新助手非常顽固，他不听我的建议，也不询问我的意见，他对所有事情都有自己的主意，即使他对事情根本不了解，也不妨碍他独断专行。"

——夏洛，经理，53岁

要清楚表明自己的目标和想法。几乎每个人对于如何更好地工作、更有乐趣地工作以及如何解决工作中出现的问题等诸多方面都有着自己的想法。在有些情况下，我们的思考和意见能够被组织和领导迅速地接受并得到推行；而有的时候，我们却不得不放弃，甚至忘掉自己的想法，然后才能继续和领导一起投入工作。我们该如何避免这种情况呢？

如果你对别人的想法从来都表示毫无兴趣，别人也将很难被你的新想法说服。当然，在对别人的想法保持开放心态的同时，还要相信自己的想法也同样非常重要，这才是做自信型员工的最好态度。如果你连自己的想法都不相信，那凭什么要别人相信你呢？那么，该怎样确保别人听从你的想法呢？

▇ 为工作和必要的讨论会做好充足的准备。这似乎显而易见，但人们往往做得不够。

- 把你主要的观点用有条理的方式讲述出来，练习、练习、再练习。
- 与你的同事或朋友讨论，听听他们认为重要的想法或建议。
- 勇敢地提出你的建议和想法，最好是在被问到的时候。
- 当你产生了新想法或出现问题时，主动求助于你的领导。

实用技巧：如何展现你积极参与

- 事先想想你认为需要进行讨论的重要事项，甚至可以写在纸上。
- 准备备用方案（轮到你发言的时候，如果时间不够用，你认为你最该说的一点是什么？）
- 善于提问和试探别人的意见。
- 自己尝试想想解决办法，不要只向领导提问题。
- 不要指望你的领导能知道你心里所想、所要或所认为的事情，要主动说出来！
- 当领导分配工作时，不要（始终）等着别人去做，主动表达你愿意承担的任务。

第 2 章

回应你的上司的期望

行动的时候到了！现在我们知道，员工可以影响他们的管理者。而作为一名年轻员工，你的想法和期望也会让别人很感兴趣。现在是采取行动的时候了，第一件重要的事情是，了解你的领导对你的期望。

本章我们会谈谈领导对年轻员工的期望以及员工该如何对此作出回应。为了更明确员工与领导的想法的差异，我们采访了50多名来自不同公司、组织的不同年龄的管理人员。从采访内容中我们提取了9条最常见的期望。

① 通过正确地执行任务建立信任；

② 拿出解决问题的办法；

③ 充分地告知和沟通；

④ 积极利用反馈意见；

⑤ 必要时服从领导；

⑥ 尽一切努力与领导及其他同事建立良好的关系；

⑦ 在工作中采取主动；

⑧ 表达自己的职业和发展需求；

⑨ 做到公平、诚实。

■ 1. 建立信任

"为了赢得信任，你必须证明自己工作做得很好，并创立一个私人关系纽带。举例来说，我和我的经理经常会打赌，比赛看谁的销售业绩最好。这在促使我们投入工作的同时，也让我们都增加了一点儿工作中的乐趣。"

——伊娃，顾问，22 岁

想要与你的领导良好地合作下去，信任是必不可少的。员工对他们的领导越有信心，他们的工作满意度往往就越高，对组织的忠诚度也可能越高，而工作业绩也相应越高，并且也能有更多的机会更好地表现和发展自我。此外，领导对员工的信心也是非常有价值的[1]。领导对员工越有信心，员工的表现就会越好，并且很少去主动寻求到其他公司工作。

研究发现，**在圆满完成任务的情况下，人们所使用的技能或能力是建立互信的关键**[2]。这一理论在实践中也得到了印证。参与我们研究的人指出，他们会使用各种方式证明自己擅长自己的工作，以好的工作成果获得领导对自己某方面能力的信任与肯定。

（1）把自己的工作做好

要尽可能地在你的工作中获得更多的知识。你可以向别人提问并观察他们是如何做的。当你第一次上手一份新工作时，你要确保尽可能为它负责。向同事咨询建议，或者去看看别人是怎么解决相同的问题的。如果有必要的话，你可以带着具体的问题，在你准备充分且不耽误领导的日程安排的情况下，向领导请教。

"当我得到一个新的工作任务时，我会先了解一下相关信息。我的同事中谁已经做过这样的任务呢？通过用类似的问题来审视我的工作，我相信我能够符合预期地完成任务。到现在为止，我的经理一直对我的工作成果很满意，所以我的

---

① Brower, H. H. Lester, S., Korsgaard, A., & Dineen, B.（2009）. A closer look at trust between managers and subordinates: Understanding the relationships of both trusting and being trusted to subordinate outcomes. Journal of Management, 35, 327-347.

② Zapata, C. P., Olsen, JE, & Martin, L. L.（2013）. Social exchange from the supervisor's perspective: Employee trustworthiness as a predictor of interpersonal and informational justice. Organizational Behavior and Human Decision Processes, 121, 1-12.

方法似乎是有效的。"

——小李，行政助理，23 岁

（2）遇到问题及时求助并报告

当你开始一份新的工作时，你肯定希望能展现出自己的积极性，告诉别人你什么事都能做得了。这里有一个容易犯错的陷阱就是，你可能会等待很久，才选择去找你的领导帮忙。毕竟你想要证明你能独立工作，并足够有能力处理好工作中的问题，这是好事。但如果你只是个新手，遇到麻烦时，就应该及时请求帮助。这也能体现出你对领导的专业知识以及你们之间的关系很有信心。况且，领导也希望你在有需要的时候会主动寻求帮助，他会欣赏这一点，甚至会对你的专业性更有信心。如果你能提前预见到一些问题，你的领导就更能获益了，因为他可以及时采取措施以预防出现问题。

（3）向你的经理汇报工作

世事并不总如你所料。你需要花时间向你的领导解释你完成了哪些工作、遇到了什么困难、你预期会遇到什么困难，或者你如何解决了一个问题。通过这种方式，你告诉领导你明白自己在做什么以及该如何去做。这样你的领导就知道，你不是仅仅在完成任务，而且你还在完成任务的同时进行了思考，而这也许还超出了任务本身对你的责任要求。此外，你这样做，还能突显出在你的工作过程中，在领导肩上，由他应当担负的责任。

"我总是试图向老板解释我之所以在一些问题上过于纠结的原因。我会向老板表明自己面临哪些困难和挑战，也会解释为什么我的任务滞后了。因此我的工作过程会显得似乎更漫长，但结果往往会更令人印象深刻。我的老板喜欢这样，他会说我做得很好、解决得很好。不过，要像我一样做到这点，你要有自信和独断力。举个例子，曾有个让我崩溃的工作，我发现没有好的文章来帮助我写研究论文。我的上司说：'是吗，可是上周我们一起发现了 15 篇文章啊，那些都不行吗？'我告诉他，其实那些文章根本没什么实质内容。然后我们又一起看了一遍那些文章。结果事实证明，我是对的，它们确实没有什么帮助。幸亏我告诉他自己的看法，否则，如果我那时只是对他的质疑点点头，那我回去又得再看一遍这些文章。所以，自信、敢于断言、不害怕对抗领导，有时是非常重要的，这能说明你有能力。"

——艾琳，研究助理，22 岁

艾琳做得非常好。然而，在她的故事里有一个潜在的陷阱，她一直在积极努力地工作，以打造一个好印象，我们称之为"印象管理"。她认为她的那个故事是成功的，因为她从领导那里得到了表扬。向你的领导明确表达出你做了哪些努力当然是好事，但是也不要言过其实，否则，你在领导面前对自己的评价就有"作假"和"操控"之嫌。如果日后你的领导发现被你愚弄，那反而会破坏你在领导心中刚刚建立的信任。

■ 2. 拿出解决方案

"当我的下属带着一个问题来找我，我要求他们必须至少自己想过该如何解决它，并且至少想过还有哪些可选的解决办法。如果没有，我会直接让他们回去再仔细认真地想想。只有动了脑子，他们才能学习。"

——莎莉，经理，50 岁

作为职场新人，在你工作的最初阶段，你有很多东西要学。于是，你往往需要非常依赖你的领导，因为你还没有熟悉你周围的工作环境。正如我们之前提到的，及时寻求帮助是一件重要的、很有益的事情，对此，你没有什么可羞愧的。不幸的是领导通常有很多事情要忙，他们并不能总是了解作为一个年轻新人的感受，或者敏感于新员工有可能在工作中需要的帮助。

一个管理者通常要依据项目或任务的背景框架结构，头脑中想着大局，在任务安排上要使不同项目或任务的所有工作人员能相互配合支持。对大多数管理者来说，要跟进所有员工的工作细节，那实在是太耗费时间了。所以，作为员工，**你工作中的任何核心环节，在你的领导眼中，往往只是大局中的一个小细节。要**

想为员工的所有问题都按时按需地提供好的解决方案，这对于管理者而言，其实是登天的难事。通常情况下，其中的艰辛员工并不那么容易理解和体会。

"当我带着一个问题去找我的领导时，他通常会给出一个非常有说服力的解决方案。他热情洋溢地给我详细阐述，我也为这个解决方案而高兴。然而当我回到我自己的办公桌时，我才意识到，我的领导提出的解决方案实际上是不现实的，我得再回去找他，请他再帮一次解决问题。这真的很愚蠢，因为我以往经常一次又一次地为同一个问题打扰他，显得好像我根本不知道自己在做什么。现在呢，我会提前思考出一些可能的解决方案，然后让他从这些不同的方案中选择。这样做，事情就好办多了。"

——思思，项目经理，26 岁

起初思思对她的领导有些失望。她的领导原本出于善意，但实际上却给她提出了不可行的解决方案。现在通过更多的独立思考并与领导讨论一些方案的可能性，她慢慢学着"管理"自己的领导了。

让领导为你自己的问题提供良好的解决方案，这是件颇具挑战性的事情，因为他们不总是能满足你的需求。你最好调整一下自己的期望，换个积极的心态。

你不妨先仔细考虑一下，你想从领导那儿得到什么。然后，当你再和他开展工作会议时，你就可以最大限度地利用那个机会寻求他的意见和建议。就像思思做的那样：将几种方案列出来，然后与你的领导讨论再做选择。值得注意的是，在这种期望管理中，你要记得自己提出的建议应该只是可选项，而非最终的解决方案。你这么做的目的，主要应该是通过公开讨论来解决问题，共同寻求最佳的选择，以便你的工作得以继续进行。

即使在这些选项中你有一个特别的偏好，想说服领导选择它，那你最好也要呈现其他不同的选择，这样表明你已经考虑过各种方案的不同利弊。在此基础上，你就可以为你所偏好的方案多说几句，使它更容易被你的领导接受。这个做法也能向领导表明：你明白自己在说什么，你在你的工作中很专业。请认真地思考各种方案，并老老实实地将它们各自的优势和劣势陈述出来，而不要投机取巧，以各种手段要求领导只选择你所期待的那个方案。毕竟"管理"你的领导，并不等于试图操纵他。且不论你的今天曾是他已经很了然和熟悉的昨天，单单是你自身，也很可能并没有自己认为的那么聪明和有技巧。

▨ 3. 充分地告知和沟通

"来自大多数领导的最主要的抱怨，就是他们的年轻员工缺乏沟通。他们能看到这些年轻员工非常努力地工作，但是完全不知道这些员工在做什么、怎么做的以及什么时候做的。于是所有的人在他们的第一次业绩评估的时候，都会收到一句'你需要与领导进行更多的沟通'的反馈。"

——詹汀，咨询企业投资经理，56 岁

詹汀在一个现代化的企业工作，该企业吸引着最优秀的学生，并根据他们的独立性和创业精神来筛取合适的人选。独立性和创业精神是很多公司都高度重视的高素质，但是这些高素质也往往伴随着一些负面效应。这些年轻人往往工作相当独立，因此并不总是知道他们可以从其他人包括他们的领导那里获得什么。对领导来说，寻求这方面的平衡并不容易。他希望给予你信任，让你自己看着办；但同时，一旦出了问题，他也要为你所做的事情，甚至包括你做事的方式而担负相应的管理责任。

"我希望我的年轻员工在他们遇到难题或问题的时候，能更多地更主动地咨询我。因为从我的位置上，我可能很清楚地知道有哪些可能的解决办法，而我的员工并不总能直接了解到这些信息和资源。但我发现他们并没有经常来向我求助。当他们的工作进展不够顺利时，他们经常就会迅速作出一个对我而言极其仓促且不够慎重的决定。例如，我们部门有个员工觉得自己的工作很难开展，工作本身也没有什么乐趣可言；然后，在没有和任何经理提前沟通的情况下，在某一天，他就突然辞职了。这完全在我意料之外，让我无法理解。因为我觉得那项工作还可以有改进和提升的空间，而工作内容当然也可以变得更吸引人。但是，他在辞职之前，没有跟任何人寻求过帮助。"

——多琳，咨询公司的实习生经理，34 岁正如多琳在这个例子中所说的，当你有需要的时候，你要告知领导并获得他的支持。多琳秉着一切为员工考虑的想法，希望能够给予员工帮助，但员工并不总是领情。换句话说，很多向老板咨询、寻求建议的机会，就这样被白白错失了。

这个现象背后的一个原因就是，年轻的新人往往希望展现自己的主动性，并坚定自己的立场。有时你也想寻求指示和引导，但是又担心自己会成为领导的负担。因为你发出的求助邮件越多，你的领导就会越忙。因此，在太多的沟通和太少的沟通之间寻求一个平衡，那是一件困难的事情。

我们在这里想要传达的信息是，如果你能独立工作，这固然是值得赞赏的，但你也需要让你的领导知道你在做什么，尽管他不会明确表示出来。你如果希望你的领导赞同你的想法，那么前提条件是，你得让他知道你在做什么。对于管理者来说，与每一个新员工的合作都是令人兴奋的，因为每一次都必须拭目以待并不断进行尝试。

延伸阅读：

第一印象和办公室八卦

哪些事情可以告诉你的上司？哪些不可以？除了你的工作感受和工作方式，领导通常还想讨论一个主题，就是你对他们以及对整个组织的看法。你注意到了什么事情？你听到了什么闲话？你的这些新鲜的感觉和印象，往往能成为领导的一面重要镜子。

当你被领导问到（甚至没有被问到）的时候，分享你的这些第一印象都是没问题的。请注意用尽量客观描述性的方式来分享，最好是用积极的、建设性的方式。也要注意别用太多的赞美，谨慎使用批判性意见。

可以说："我注意到星期五通常来上班的人很少"。

不要说："我认为办公室里有很多八卦内容。"（模糊的、论断的）

不要说："跟我同办公室的那个小宏总是说的是一套，做的是另一套！"（非描述性的，对同事的负面意见）

实用技巧：沟通时的黄金法则

■ 在沟通的时间和方式上和你领导达成一致。当然，你们可以使用不同的方式进行沟通，如电话、电子邮件、面对面的会议，等等。但请先与你的领导确认一个对他而言比较方便的方式，并考虑经常使用那个方式。另外，根据你们要讨论的主题和优先顺序，也可以使用不同的沟通媒介。比如针对一个简短而实质性的问题，可能最好用电子邮件沟通；而针对一个紧急的、关于工作流程的问题，则更适合坐在一起解决。

■ 将几个非紧急的小问题集中在一起提问。第一种选择是将它们放在会议时间讨论；第二个选择是将它们在一个电子邮件中列举出来，以避免多次发送邮件。

■ 我们研究中的许多年轻参与者发现，每周与领导沟通一次最为舒心。非紧急的小问题在那时候可以迅速得到解决，而不会占用领导额外的时间。这也使你的领导能在每周相对固定的时间里清楚地了解你都做了些什么工作。

■ 如果你与领导的咨询讨论不是定期发生的，那么你可以向他建议变成定期。当然，如果你没有什么需要讨论的，大可取消该次会议。但是宁可多预约，也不要太少。

■ 定期向领导发送一个有实质内容的概述性邮件。例如，每两个星期概述一下你做了什么事情以及你计划要做什么事情。这样就能让领导对你所做的事情保持了解和参与。

■ 如果你和领导很久没有碰面了，请问问你的领导他是否需要你汇报工作。这里的黄金法则是，你要自己主动上心。如果等到你的领导要求你汇报工作，那就为时已晚。

■ 4. 开始积极利用反馈

"对我来说，在会议期间记笔记是最基本的礼貌，因为它让我觉得对方听进去了我说的话，并且在认真地对待它。同时这也表明，对方在会议结束之后会真正把我的反馈意见付诸行动。所以当我发现某人在与我讨论时并没有做笔记，我就感到特别失望。如果他们不写下来也能记得所有东西，那倒也没关系。但不幸的是，我认为他们都不会记得的。就因为他们没有及时记下我说的话，我就被迫一次又一次地解释着完全相同的内容。这真是既耗时，又令人沮丧！"

——伊内兹，经理，34 岁

伊内兹投入了大量的时间与她的员工磋商讨论，但显然他们没有认真对待她的意见。他们似乎在离开会议室之前就已经忘记了会议内容的多一半，伊内兹就得多次阐述同样的内容。她的员工的这种态度是不正确的。认真对待领导的反馈意见并积极付诸行动非常重要。在员工与领导的互动关系中，花时间和精力提供和接受反馈意见，这确实是最重要的"投资"之一。你的领导对你们的关系投入了时间和精力，在这样做的时候，他 / 她当然也期望你也能这么做。

在会议期间做笔记对一些管理人员来说是一件重要的事情。对于某些管理者来说，做会议记录，这是员工重视和尊重他们意见的一个重要标志。如果你不这样做，领导就有可能会感觉你似乎没有认真地对待他。或者他也会猜想，作为员工的你只是在焦躁地等待会议结束，然后迫不及待地赶紧回到你当天手头的"紧要"工作中。

然而，事实可能并不是领导想的那样，员工之所以不记笔记，可能正是因为在积极地思考领导说的话，投入了全部注意力和精力，反倒无暇分身去记录。在这种情况下，了解领导认为重要的处理事情的方法和习惯，对员工而言肯定是有益的，因为员工可以对此采取适当的行动，并调整自己的做法。

实用技巧: 向领导显示出你重视他的反馈意见

- 显示你对反馈意见持开放的态度。
- 感谢你的领导给你的意见，并尝试尽可能地接纳他对你传达的信息。
- 要随时记得: **出于习惯性思维，人们通常会按照自己的理解来处理接**

收到的信息，并对周遭发生的事件加以解释。 而这就是"误会"产生的根源（详细信息请参阅第四章：提供和接受反馈意见的规则）。

- 在预测项目可能出现问题或延迟时，提前与领导沟通。
- 明确地告诉你的经理你做会议记录，在会后做总结，并通过电子邮件发送给你的经理。这样做的好处是，确保你在会议中接收到的信息与经理表达的原意一致。
- 对自己不明白的重要的问题，宁可确认确认再确认，也不要凭自己的经验和想法主观臆断。

■ 5. 必要时服从你的领导

"我曾经有一个非常有才华的员工，他是一个很聪明的男孩，但他就是不太听话。有一天早上，我请他帮我做一个要在当天下午 3 点召开的研讨会上会用到的演示文件。我跟他本来说好了，他会在下午 1 点钟发文件给我。可是，到了 1 点，他根本没做完。又等了两个小时之后，我告诉他，大约 20 分钟后我就真的要用这个文件了，但他就是听不进去，还坐在那里不停地修改。最后我不得不告诉他：'你必须现在就给我文件，否则，你就被解雇了。'那真是个糟糕的回忆。"

——朗坤，教授，51 岁

一个好的员工知道什么时候该领导别人，什么时候又必须服从别人的领导。有选择性地做事，不要什么都想要，要有所取舍！你不能也不应该总是认为你的本事能让你兼顾一切。在朗坤那个助手的例子中，那个助手就没意识到，**有时候，工作的时机有可能比工作的质量更为重要。**

在有必要的时候，指挥你、引领你，这本身就是领导的责任和工作。领导很多时候就是对的，你应该服从；即使有时候他不对，你也不得不服从。有的时候，**你认为他不对，是因为你不像他一样，掌握和了解那个项目或者任务的全貌。** 要知道，你所熟悉的部分，很可能只是某个项目或者某个任务的某一个特定环节。

为了工作的进展，服从一个比你更有经验的管理者的决定，这在时间和资源都不充足的紧急情况下，是你最好的选择。毕竟，**你的今天，曾是他的昨天。**

实用技巧：怎样向你的领导明确地表示你愿意遵从他的指导和意见

- 询问领导的看法。将他看作顾问，并予以感谢。
- 和领导讨论哪些你自己可以做决定，哪些需要你与他一起做决定，哪些又只能由他来做决定，这有助于你们明确一些事情，预防问题和冲突。
- 当你在做一项工作存在疑问时，可以与领导开展讨论。可以提出问题、寻求其解释。当你认为有必要时，也不妨问一些其他额外细节的问题。
- 请确保你的领导有足够的时间来帮你做这些。如果他没有时间，那就询问什么时间对他合适。
- 如果在和领导的讨论中没有得到你想要的结果，那就暂时放弃你自己的想法。你可以将自己的想法提出一次或两次，但如果还是不行，那就放弃吧。服从领导的决定，并全身心地听从领导的意思，把这个决定当作是你自己的决定。记住，你自己一个人困在闷闷不乐的情绪里，对解决问题和完成任务都没有任何帮助。
- 就某一个特定的任务，了解领导认为重要的部分是什么，也请仔细考虑一下，对你来说，重要的部分是什么，如果你所想的和领导认为的是一致的，那就最简单了。但是如果有些任务或者任务的某一部分，对你而言比对你的领导更重要，那么你可以和他沟通，因为很有可能你们能够想出一个创造性的解决方案。
- 当你明确指出有些东西对你的重要性及原因时，你就有机会得到自己想要的。但也要记得这一点：在同意你的每个请求之前，领导都有你可能不了解的、有关某个特定任务的其他的信息和利益，已经被或者需要被纳入他的考虑范围。

6. 努力尝试建立良好的关系

"在我与部门领导第一次合作时，我感到非常紧张。起初，他根本没有谈工作的事，他问我最喜欢的书、我的教育情况以及如何让我在工作中感到愉悦。我们现在关系不错，和他开会的时候我也感觉安心多了。"

——阿伊，人力资源部门员工，25 岁

当你开始一项新的工作时，与你的领导建立良好的工作关系很重要，同时你也要在你的部门或团队里找到属于自己的位置。在这一阶段，你需要结识领导和同事，并与他们建立良好的个人关系。

这听起来很简单，对一个人表示兴趣似乎就有助于建立一段良好的关系。然而，这往往比想象中的困难。尤其是向你的领导表示兴趣，很可能会显得你很"谄媚"。而如果你对同事表示出兴趣又显得不是那么真心的时候，就会发生安雅描述的这种情况：

"如果你带着'建立关系'的目的去关注别人的私人问题，那你就要小心些。在我的公司，同事们会走进我的办公室，然后开始问我：'周末过得怎么样？'或者'你家儿子的学习怎么样呀？'他们会闲聊 5 分钟，然后突然停下来开始谈论他们这次来找我的真正原因。他们就这么突然地冒出一大堆关于他们正在从事的项目的问题。我总觉得他们最初的那些私人问题就是用来打破尴尬的，然后让对方想帮你做点什么。可是对我来说，这效果恰好相反。我并不喜欢我的同事这么做。"

——安雅，项目经理，23 岁

安雅觉得同事表现的这种个人兴趣是毫无诚意的，对她来说只是闲聊而已。如果没有诚意，这种闲聊的效果适得其反。安雅认为，她的同事完全可以直接就手头的事情和她迅速展开有关工作的讨论。因此，在建立和维护个人关系时，请确保自己不是在把"真正的问题"提出之前，故意做出一段"有目的的表演"。对于那些需要建立人际关系的职场新人，以及那些为了能留在现有职位上，而特别希望维持人际关系的年轻员工，我们会分别提供一些实用的小贴士。

（1）建立关系

"在我刚来上班的第一个星期，我与我的上司和其他同事出去喝了点酒。在此期间，我尽了自己最大的努力表现我的灵活性和开放性。因此，我现在很了解我的领导和同事，可以很轻松地走进他们的办公室。"

——明威，培训人员，24 岁

无论是在工作中，还是工作之外的业余时间，任何一段关系的开始都同样令人兴奋。你对领导有什么期望？他又对你有什么期望？你们之间会建立私人关系，还是不太适合建立这样的关系？这都需要双方进行一些探索。

实用技巧：建立良好的工作关系

- 以适当的方式畅所欲言，当你的良好态度树立了一个好例子，别人也更有可能以同样的方式对待你。
- 要在保持正面的、专业面貌的基础上，尽量保持谈论"中性"的话题，不要一开始就直接聊私人的生活和故事。
- 人们会对那些与他们有共同点的人或问题更有兴趣。想想，谈论哪些中性的话题不会出错？或许你们有一个共同的兴趣爱好，或者你有一个最喜欢的餐馆或者一道菜品想和大家分享。
- 对你的领导表示真正的兴趣。毕竟你的领导也跟普通人没什么区别。和其他人一样，他很可能也会享受这种漫无目的、纯粹为了"聊天"而"聊天"的时光。
- 尝试记住一些领导的小细节，例如他孩子的姓名，或者他今年已经计划好的度假安排。
- 你当然可以对别人表达赞美，但赞美应该是在你真正发自内心，想要赞美的时候。

（2）维持关系

"打造人际网络（networking）也是工作，建立个人关系同样如此。这是件困难而耗费精力的事情。但如果你愿意对此投资，它就能成为你的优势。有时候我真的需要鼓励自己坚持下去。好处是，一旦建立起了一段工作关系，之后就不需要那么耗费精力了。我发现，当我和领导有更多非工作的话题可以聊时，当我们建立了一些私人联系时，我的工作也变得更容易了。"

——李涛，顾问，25 岁

关系，一旦建立起来了就必须维护。毕竟你和领导的个人关系就如同你与朋友的关系一样，不是一朝一夕就能建立且能永久维持的。每一段关系通常都需要经常的、持续不断的努力。例如，管理者往往会在会议上占据主动权和话语权，他能决定什么时机不适合谈论个人问题，而什么时候又该对你个人略微表示些关心。

但是没有什么原因能阻止你自己采取主动。要想避免领导认为你的例行汇报毫无人情味儿，或者不打算像安雅的那些同事那样通过有目的的闲聊来维持你们之间的关系，你可以做以下几件事：

首先，参与我们研究的受访者表示，当"工作时刻"和"关系时刻"区分得越开越明确时，他们越能自在地享受"关系时刻"。换句话说，你可以有意识地、不拘礼节地和你的领导站在办公室外的走廊里聊天，或者在下班之后，在其他远离办公区的地方谈论一些更私人的事情。在这些场合和情境里，你往往有更多机会把注意力放到营造关系的需求上，从而避免了那种公私间杂的"5 分钟闲聊"法。

另外，还可以营造更多的机会，使你和领导有更多的时间彼此展开非正式的交谈。有一种选择是，和你的领导一起开车去参加一个在办公室外的会议，你也可以在上班时或下班后和领导去喝一杯来庆祝你的项目成功，或者甚至在午休时一起去健身中心运动一下。通过这种方式，你创造了和领导在非正式场合相处的机会，并借此机会为维护你们的关系而努力。

7. 在工作中采取主动

"最初我的级别很低，我还不能做高级管理职位的招聘面试。这些面试的部分内容实际上是在做指导角色扮演的练习，从而对应聘者进行一些性格判断。可那时候我确实还不会做那些呢。有一阵子我们公司密集地安排了很多高级管理职位的招聘面试，但其他的顾问们本来就已经非常忙了。于是，我认为这对我而言可能是一个好的时机，而且我自己真的想去尝试。然后，我就问一个我的同事，能否让我参与，哪怕仅仅是旁观一下某一个高级职位的面试。我还当即向这位资深的同事表示，我希望自己未来也能做这种工作。事后，我把那个面试环节中注意到的一些细节仔细地记录下来，并带回来认真地研究。我还要我的朋友帮忙，与我一起练习，直到我完全掌握了这些方法和技巧。最后我把这些事情告诉了我的领导。现在我负责做高级管理职位的招聘面试，我做起这个工作来真的一点问题也没有。"

——艾莎，招聘人员，24 岁

延伸阅读：

做一些额外的事情，创造性地做事情，积极地思考

请尽量在工作过程中"额外地"做出一些贡献，尤其是那些能为他人留下积极印象的工作。思考一下你正在执行的任务中还有什么地方可以改进，并为此付诸行动；你也可以为新的项目提供一些建议。当你看到有机会时，就应当采取主动，像艾莎的例子那样，你会发现这一切都是值得的。

8. 找到发展自己职业生涯的机会

特别是当涉及你的个人需求和期望时，你应该积极地表现自己。没有其他人能像你自己那样了解你想要什么、你的未来计划是什么。通过与领导开诚布

公地沟通，领导会更容易评判该如何最好地给予你支持。这样一来，你可以得到充分发展，领导也能得到一个热情、积极进取的员工作为回报，这就是双赢。

■ 9. 做个公平、诚实的人

"当事情没成功，或者如果我不喜欢什么东西，我总是尽可能地尝试保持诚实。敢于说出实话，有助于构建你与同事和上司之间的信任。不管是好是坏，都要坦诚地交流，我是一个诚实的人。"

——阿德，IT 助理，21 岁

阿德在犯了错误或者出现问题的时候会诚实地告诉别人，他也会给出他认为重要的意见。诚实的人会展现出他们自己抱有的专业和道德的标准，并遵循这些标准；特别是在出问题或者他们自己犯错误时，他们不会害怕展示自己的"短板"。通过这种方式，他们向领导和同事表明，他们是值得信任的。

虽然我们常常倾向于掩盖错误，但诚实地挺身而出，也是好的选择。因为通过承认自己偶尔犯的一个错误，你就有机会告诉别人：你是一个诚实守信的人。此外，这也能促使领导对你也更加诚实。

但是在诚实这件事儿上，往往是说的容易做的难——有时，**诚实地面对自己都是件难事**。大多数人都希望自己看起来比实际上更好，这并没有什么不对。根据你与领导的关系，你会更多或更少地向他展示真实的自己。最近出版的一本关于"好的下属如何影响领导和自己所在的组织"的书[1]，就是个很好的例子。

从戴夫开始工作的那一刻起，他总是保持完完全全的诚实。如果他发现了一个很棒的想法，他就恨不得让全世界的人都知道。但是如果他认为一个主意并不是那么好，他也会说出来。他的领导马克则是一个很严肃的人，在公司里，没有

---

[1]　Riggio, R.E., Chaleff, I., & Lipman-Blumen, J.（2008）. The art of followership. How great followers create great Leaders and Organizations. Wiley.

人敢在他面前说出自己的真实想法。因此所有人都推测，戴夫因他那"简单、粗暴、直率"的态度将不能在这个公司存在多久。结果，同事们惊讶地发现，马克不仅欣赏并提拔了戴夫，还在自己退休后任命戴夫为他的接班人！因为马克已经看够了那些唯唯诺诺、人云亦云的应声虫，他很高兴终于有一个人敢毫不矫揉造作地把自己最真实的意见告诉他，而他可以信任这个人。

违背主流并不容易，尤其是当你这么做，在公司或组织里是"史无前例"的时候。但即使老板的身边围绕的都是一群应声虫，如果有优秀员工发自真心地希望做些改变，他们也还是能够有所作为的。不过，在做到诚实、正直的同时，也要注意礼貌和分寸。

第<big>**3**</big>章

如何应对各种管理上的隐患

　　每个管理者都有他们不同的行事方式。有些与下属的个人关系很好，而另一些则与下属尽量保持着距离；有些喜欢控制下属，而另一些则倾向于为下属提供指导；有些喜欢无休止地集思广益，与下属一起讨论、讨论、再讨论；而另一些则认为下属应该自己解决问题。总之，当我们探讨管理人员的行为时，能发现其中有很多微妙的不同之处。

　　此外，管理者的行为往往会根据不同的情况和不同的管理对象而表现出不同。他们对待职场新人的方式和已经与他们共事了 20 多年的同事，应该是不一样的。试想一下，如果 20 年后你从领导那里得到的指导还和在你入职的第一年时一样，那将是怎样尴尬的场景。此外，每个员工从领导那里获得的信息和资源也都不一样，这就是管理的艺术。在本章中，我们会探讨管理者对待年轻员工的不同行为表现以及这些差别可能会造成的麻烦。

1. 任务与关系

　　描述管理者行为的最佳方法是：观察他们如何处理那些需要完成的任务以及如何对待自己的员工。首先，一个管理人员会将或多或少的注意力放在工作任务上。作为一个把注意力放在工作任务上的领导，他主要关心工作是否能完成，最好是能按照计划、在预算以内并按时完成。在他眼里，会议是用来讨论不同的工作任务的。他会讨论你的工作内容和进展情况，并和你一起思考如何能最好地应对工作任务。领导的这种"任务导向型"①思维也意味着，你们可以在明确而具体的工作内容上达成一致，他也会跟进和控制你的工作进程和工作质量。

除了关注任务，领导作为普通人，也会或多或少地关注与你的关系。你在这里工作得愉快吗？感觉还好吗？身体怎样？跟同事关系如何？是与你想要的一样，还是很无聊？或者你周围是否弥漫着紧张的气氛，甚至潜在的冲突？

有着强烈"关系导向型"②的领导会探究员工的需求和喜好，并对员工的个人故事和私人信息很感兴趣。他们通常会敏锐地觉察到团队或部门里存在的紧张感，并积极、努力地营造一个彼此友好和互相支持的团队工作环境。他们注重给予员工正向积极的反馈意见，并与员工共同协商来制定决策，解决问题。

任务和关系是领导力的两个元素，管理人员的精力会或多或少地分配在这两个方面。例如，一些领导注重结果，而不关心与员工本人相关的事情；而另一些领导则非常关注员工的福利和员工满意度。当然，现实生活中也有一些领导让你很头疼，因为他们几乎既不关心任务和结果，也不关心员工的个体感受。

2. 太极端总不是好事

"过犹不及"的哲学也适用于领导力。大量研究表明，过少关注于任务或关系都是有害的③。如果领导对工作任务的关注过低，就可能会导致给予员工的实质性指导太少，使得员工在实际工作上进展缓慢。而缺少实质性指导的员工的生产力，很可能比获得充分辅导机会的员工低很多。同时，他们也会感到从上级那里获得的对他们工作绩效的肯定更少些。

---

① 任务导向型：领导强调任务的导向和调控作用，以工作成效为目标。源自 de Vries, R. E., Roe, R. A., & Taillieu, T. C.（1998）. Need for supervision: Its impact on leadership effectiveness. The Journal of Applied Behavioral Science, 34（4），486–501.

② 关系导向型：领导注重下属的需求，注重与下属的关系，以员工满意为目标。

③ Judge, T.A., Piccolo, R.F., & Ilies, R.（2004）. The forgotten ones? The validity of consideration and initiation device structure in leadership research. Journal of Applied Psychology, 89, 36–51; Harris, K. J., & Kačmár, K. M.（2006）. Too much of a good thing: the Curvilinear effects of leader–member exchange on stress. Journal of Social Psychology, 146, 65–84.

　　反之，如果领导过分注重工作结果，员工就会产生巨大的压力和紧迫感，认为要不惜一切代价也必须达到目标。过分注重任务导向的领导会表现出强大的控制力，迫使员工非常顺从。这样一来，员工就不能独立思考，而总是寻求和依赖领导帮助，来处理所有遇到的问题。这不仅使管理者的工作负担非常沉重（他们可能无法放心将任务派发给下属），也会造成员工对管理者的过度依赖。在实际工作中，如果一位领导要求检查他下面员工的每一个工作细节，员工就自然没有动力尽自己的全力执行并核查自己的工作结果。如果发生这样的情况，对管理者和员工双方来说，都不是理想的局面。

　　如果领导对与员工的关系和员工个人的需求的关注度过低，员工在团队或部门里就不会感到被尊重、被关注，并可能认为他们的领导态度冷漠。这样一来，员工的工作满意度会下降。员工要么更倾向于采取回避退缩的态度，不主动承担责任；要么他们的工作执行结果较差，或干脆另谋高就。

　　当然，管理者如果过分关注构建与员工的关系，通常也被认为是不可取的。尤其要避免员工与领导的距离感消失，或者双方的层级关系受损的情况。

　　起初这可能看起来像是件好事，因为组织看起来真的"扁平"了，员工感到工作和沟通都很自在。但是，如果有一些艰难的决定必须由领导做出，管理者有可能会顾虑部门内"过度友好"的上下级关系，而不愿意采取一些"不受欢迎"的决定，或至少对做出这样的决定举棋不定、左右衡量。而员工这边，一旦突然获知这些负面的批判性的关键反馈，他们可能会非常失望："我曾经以为我们已经是朋友了！怎么我现在突然要做这些无聊烦琐的任务呢？"此外，管理者如果过分注重发展与员工的关系，很可能掌握不好"度"，而开始对员工的私人事务指手画脚。因此，工作和私人生活的界限会变得不清晰。尤其是对于职场新人，管理人员会对其表现出"父亲般"或"母亲般"的关爱行为。他们这么做，或许是出自关心和善意，但这并不意味着员工就一定对此心存感激，就一定要有所回应。因而，这种做法不一定总是可取的、有益的。

3. 管理隐患模型

　　我们根据现有的研究结论描绘出了管理者的管理隐患模型（Pitfalls Model）。我们区分了八种隐患，其中每种都分别体现了管理者在任务或关系方面的关注失当的情况。之后我们从与受访者的讨论中提炼了一些处理这些隐患的实用技巧。

然而，我们的目的并不只是归纳概括出管理者的这些管理隐患。我们的最终目标是帮助你在识别这些隐患的基础上，成功地应对它们。简而言之，就是要回答"我应该如何避开隐患，并管理我的领导"这个问题。请记住，你和领导的关系是可变的，你同样可以像你的领导一样，影响着你们彼此的关系。

由于人们的一些潜在动机，有些人可能更容易陷入某种特定的管理隐患。因此，当一个领导在指导一项自己很感兴趣的项目时，他可能过分关注这个任务，会以结果为导向；又或者当这项任务迫在眉睫，时间压力较大时，他可能会非常紧密地跟踪任务的进展；反之，如果他对该项目不是特别上心，他的员工就会在项目中有更多行事的自由。此外，由于每个员工对工作的需求和期望不同，领导也可能对他们区别对待。

以下是对这八种隐患（如下图所示）的概述：

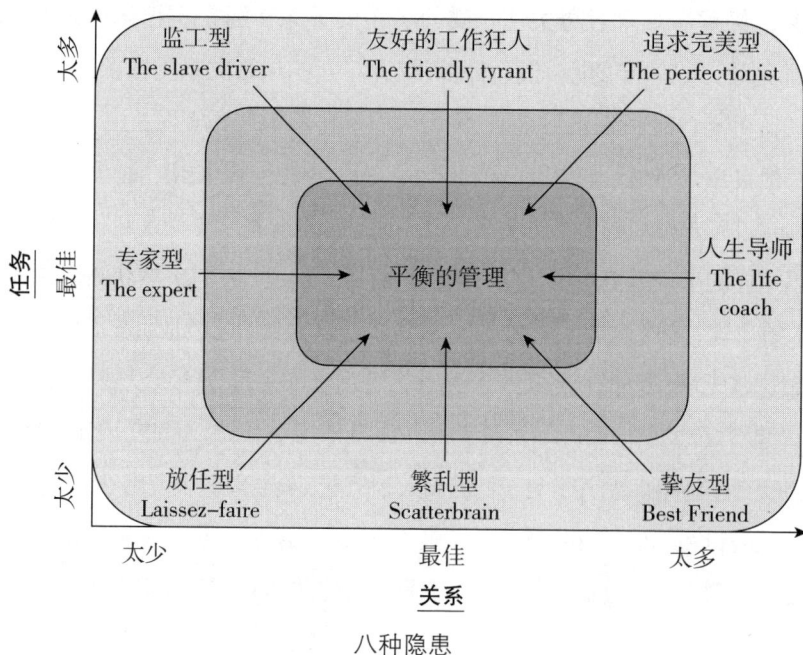

八种隐患

（1）监工型（The slave driver）

"我的老板好像只关心结果。他对实现结果的过程完全不感兴趣。我常想，哪怕哪天我死在工作岗位上，只要我的项目能得以成功执行，他就仍然觉得好。"

——亨利，物流经理，26 岁

"如果一个员工在某个项目中和我有不同的看法，我会告诉他，你完全可以证明自己是对的。我会与他打赌，让他尽全力证明我是错的。但在这种情况下，我通常会保持非常密切的关注。通常在两个星期后，我就会询问他的进度如何。如果他失败了，我会毫不留情地嘲笑他一顿。这样做的好处是，之后我们之间再遇到类似分歧时，他们往往就会一言不发，直接按照我的想法做了。"

——穆尔然，经理，50 岁

作为员工的亨利，他在这里表达的正是一种管理隐患：在他的管理者的眼里，只有结果最重要，其他都是次要的。

而穆尔然则从管理者的角度展现了这个管理隐患的另一面。任务导向型的管理者往往具有强烈的好胜心和竞争意识，这使他们成为监工型领导，这种类型的领导喜欢自己永远是正确的。他们想要赢，想做最聪明的人、事情做得最好的人、任务完成得最快的人——不论是在工作中，还是生活中。他们希望自己的员工也同样有强烈的求胜意愿。这种类型的管理者会在工作中创建一个非常活跃的气氛，一切都进展迅速，每个人都保持高度灵活，凡是能达到目标的手段，都是被允许的。员工通常被激励得竭尽全力地为工作做出贡献。但是，人们很少会自我反思，从长远角度看，这种做法对个人的发展和职业成长真正有利吗？

监工型领导鼓励员工呈现"最好的自己"以实现目标，而员工确实能在很短的时间内学到很多东西。然而这种领导的管理隐患是，经理在要求员工达到自己的意愿和目标的同时，往往很少或根本没有注意员工的利益和需求。而它的风险则在于，这种以任务导向为主的工作氛围，短期内可以使员工士气高涨。然而时间一长，则可能会令人感到压抑和不愉快。至于监工型领导管理的组织，它的工作环境的自愈性和恢复能力往往很差，员工和领导都有可能长期被压力和疲劳所困扰。

实用技巧：应对监工型领导

- 牢记自己的极限在哪里！如果你已经竭尽全力，到了自己的极限，但却还不知道该怎么表达出你的感受，那么你不妨试着寻求其他同事的帮助。

- 当你对按时完成任务心有疑虑时，请直接说出来。虽然你的领导可能会对此很恼火，但这可以帮助他进行适当的期望值管理，以免最后让他更难以接受项目未达成的"意外"。

- 监工型经理通常不会对你的努力和付出表达赞赏，那么就珍惜那为数不多的几次表扬吧！你可以表现出你对他的表扬非常感激，也许这样做可以增加他再次表扬你的机会。

- 不要理所当然地认为，你的领导就应该给你个人的关注和指导。如果需要指导，那就换一位资深人士，找他去求助吧！

- 用辩证的眼光看待领导对你犯错时的责骂。不要太把它当作是针对你个人的，要意识到他可能只是针对事情本身。承担自己犯的错，从中吸取教训，以避免下一次发生。这样你会逐渐变得更强大。

（2）专家型（The expert）

"我的经理非常专业，她擅长工作，她懂得也很多。我主要靠观察和倾听向她学习。对她来说，重要的是有一个良好的结果，她对我这个人并不感兴趣。"

——小琳，美发师，21 岁

"我认为我的员工敬业爱岗，并擅长自己的工作是非常重要的。如果他们不能正确地做事，我真的会很生气。他们有自己必要的空间，但是我会及时监控他们的工作进度和质量，毕竟最终达到良好的业绩才是重要的。"

——克里斯蒂安，经理，40 岁

小琳和克里斯蒂安都描述了一种专家型的领导。克里斯蒂安非常熟悉他的领域，他认为提供好的产品很重要，但是专家型的领导并不会为了结果就不惜一切代价，他会为员工提供在该领域成长的机会。

但与此同时，专家型领导仍可能会对员工个人的关注过少。他在工作内容方面会给予员工足够的空间。尽管他不会直接表现出来，但他喜欢员工提出创新性的想法，他也能从中学习和受益。学习和提升工作中的知识和技能是这类管理者的主要兴趣和动力。自然，他也喜欢谈论相关的话题。但是他不会很积极地去和员工们闲话聊天，也一般不会殷勤地询问员工在工作方面的动力或困扰所在。

实用技巧：应对专家型领导

- 向他表明你喜欢谈论与工作内容相关的事情。
- 利用一起谈话的机会谈论与工作相关的事情，但同时也要把对你自己很重要的其他问题用非正式的方式借此机会告诉领导。
- 咨询并获得他在任务领域的专家意见。领导可能很喜欢向你展现他自己知道的事情，好好利用这一点。
- 领导可能无法直接洞察到你在工作中遇到的难题。试试看是否能向其他同事寻求帮助。
- 主动去找领导讨论重大问题以及工作中的困难。这样，领导至少知道你在做什么，并能帮助你一起想办法。

（3）放任型（Laissez-faire）

"我怀疑我的经理并不知道我在做什么、关心什么。我常常认为我所做的事情他根本不感兴趣。"

——泰斯，研究助理，27岁

"我给我的员工极大的自由和自主。经验表明，他们非常了解该如何组织自己的工作！我认为他们大多数情况下需要自己解决问题。失败是成功之母！通过犯错误，你才能学习！"

——艾可，教授，51 岁

泰斯很少受到他导师的注意。他的导师给了他很大的自由，但也几乎没有提供任何实质性的指导或控制。这种管理的好处是，泰斯有足够的空间来做自己认为好的、有兴趣的和有挑战性的工作。艾可给予他的员工完全的自由，无论是在其职责的履行方面，还是在他们的个人成长方面。

放任型的领导会假定他的员工能良好地执行他们的任务。而且他们会假定，就算他们的员工并没有对某项任务准备得特别充分，员工也会主动跟他们说起。而实际上，放任型的领导也只有在被主动询问的时候才会提供一些建议，即便如此，那种支持可能仍然是很有限的。这种在任务前期放任自流的管理方式自有它的风险；在项目的后期，或者项目完成之后，领导很可能会在事后被迫做一些"善后工作"。而这样的折腾，则很可能会让整个团队的成员感到沮丧。

为什么一位资深人士会在管理上如此松散放任呢？可能有很多种原因。有时候，领导实在是忙于各种其他任务而无暇抽身；或者团队自身比较成熟稳定，大多数情况下，都能在没有领导主动干预的时候运行正常；当然，也有可能是领导个人对他的工作职责没什么乐趣，或者这种管理类的工作并不是他本人的强项，而他只是被派到这个职位上来的。

实用技巧：应对放任型领导

- 这种领导特别欣赏独立的员工。所以请你采取主动，跟他约一个会议，你可以借此机会把你工作的进展状况和你个人的发展需要都向他和盘托出。不要等领导来询问你，他未必会主动做这些。
- 说出你的期望。告诉领导你如何看待你们各自的角色和任务。如果你清楚明白地向他说明这些，领导将更有可能去满足你的这些想法和期望。
- 当领导为你提供了明确的指导意见或为你做出了艰难的决定时，表达你的感激之情吧，这样很可能还会有下一次！

- 即使你是职场新人，领导也不可能很快来指导你的工作。所以，你要定期与同事们讨论，例如项目的目标是什么，你的职责是什么，等等。

（4）繁乱型（Scatterbrain）

"我的经理通常会瞬间决定某件事情是否重要。有时候他给我布置了一项任务，一段时间过后，我发现他似乎又不再关心它了。有时候很难保持他的注意力集中在某一点上。而且他会忘记一些事情，然后又在任务的最后一刻，才突然发出紧急要求，这种情况经常发生。不过，从另一方面讲，我们部门也已经适应了总有一大堆紧急事件连环发生。"

——佑荣，销售经理，29 岁

"我有一个排得太满的日程表。我也知道我自己在做计划、确定任务的优先级上面有时会出现这样那样的混乱。而且我也承认我是个容易冲动的人。但是，我的工作里真的有很多很有意思的部分，我想尽可能、最大程度地处理好它们。虽然这样做有时会让我在工作中捉襟见肘。"

——希瑞，经理，44 岁

佑荣感到自己的老板工作起来忙碌而混乱。他可能一时这样，一时又那样。管理者通常都存在压力，但有一些人就是太忙了点。希瑞意识到了他这样做可能不好，但对他来说，一切却是值得的。毕竟在他眼里，这都是机遇。快速做出的决定和迅速行动起来的冲动，能给他带来工作上的动力和能量。但这种管理方式的风险是，员工会被这一大堆需要立即处理完毕的工作压得透不过气来。

繁乱型领导喜欢与员工见面，并临时起意地与你聊天。他其实有可能真的很关心你的工作情况——"你还喜欢你的工作吗？你一切都好吗？"但可惜在这种聊天中很少会提到实质性的内容。他几乎没有时间和员工针对他们的问题正式地详尽地探讨。

实用技巧：应对繁乱型领导

■ 提醒领导一些截止时间，或者必须他决定的事情。如果一次提醒不足以让领导重视你所说的事情，那就多提醒几次，以免你自己的计划因为他的不配合和天马行空的想法而变得一团糟。

■ 你可能并不知道到底出了什么样的事情，你才可以去找领导。他毕竟很忙，可能对你的问题回复得非常不及时。所以有必要提前问问他，在遇到紧急情况时，如何才能在第一时间联系到他。

■ 向领导征询建议时，就某个问题，你可以提前准备几个不同的解决方案让他选择。清楚地说明你认为哪个解决方案最好，以及为什么你会这样认为。这样做能帮助领导更快更容易地做出决定。

■ 练习你的电梯游说法，把每个消息限制在两分钟内，把内容组织得鲜明而有吸引力，领导比较喜欢这样一个短小精悍的想法。

■ 对于这种类型的老板，你可能很难找到一个可供深度反思或反馈的相处时间。你可以尝试一下和领导一起开车去拜访客户，或者制造机会与领导一起进行类似的活动。这样就提供了一个较长的共处时间，你就更有机会和领导进行较深层次的对话。

由于这种领导期望员工自己想出解决问题的办法，并积极主动地工作，员工能从中获得更多的挑战以及提升能力和自信心的很多机会。不过，因为员工和管理者缺乏正式的沟通，绩效考评有可能会被推迟。但是，当员工真的有需要时，他只要发出"警报"，这种类型的领导就会赶来帮忙处理。

（5）挚友型（Best Friend）

"我们是非常好的朋友。我从来没有觉得他是我的上司。"

——凯润，售货员，24 岁

"在我刚刚被提升成为经理的那段时间，我就已经发现，我其实很难把自己的位置放在我的同事之上。当团队需要做一些艰难的决定时，所有人都突然开始关注我的一举一动。我曾试图随意地做出什么却还都是老样子的表示，我也还像以前一样，邀请大家一起出去聚聚。直到有一个星期六的晚上，我在外面偶然遇到了我们组里所有的同事在一起欢聚，我才突然意识到，只有我，没有被邀请。那时，我才感到原来很多事情已经被改变了。"

——乔瑞思，经理，34 岁

乔瑞思觉得他被大家孤立了。对他来说，大家并无等级差异，他也从不使用"员工"或"下属"的字眼，只说"同事"。乔瑞思认为他的员工能在团队中享受自我的位置是非常重要的。他知道如何创造一个愉快的工作氛围，还发起了许多工作之外的团队活动。他还特别希望显示出他对员工的信心。因此他的座右铭是，如果有什么问题，员工自己会来找他的。他并不喜欢随时随地检查员工的进度，或是替他们做出决定。

挚友型领导对于把自己置于他的团队之上感到不太自在。但这有时候是必要的。员工希望他们的领导能够做出艰难的决定、强有力地推行决定，并能指出员工的错误。但由于挚友型领导特别注重良好的工作氛围，所以在一些艰难的情况下会存在管理风险，例如员工可能无法接受他在一贯的信任与放权的习惯中，偶尔为之的突如其来的控制与监督。

实用技巧：应对挚友型领导

- 当领导关心你的个人情况时，向他表达感谢。
- 当你需要领导管理你的工作内容或者作出关键决定时，向他明确表示出来，这样你能激励领导担当起他应负的管理职责。
- 保持你们的会话止于浅谈的内容，由此来控制你们的距离。比如共同的业余爱好就是一个有用的话题，它能确保你不会过于"亲近"你的领导。但假如你把自己上次在周末派对喝得酩酊大醉的细节毫无保留地说给他听，那就未必明智了。

- 为你的问题提供不同的解决方案，让领导可以从中做选择。明确地指出你认为哪个解决方案最好以及原因，这能让领导更容易地做出决定。
- 有些问题可以选择向你的同事求助。

（6）人生导师型（The life coach）

"阿芬是我们这儿的老板。她极大地融入了每个人的生活里。她了解每个人都在做些什么，她经常会为我想出一些关于我今后职业生涯发展的主意。虽然这非常周到，但对我来说，我真的并不太需要。"

——应可，采购员，26 岁

"我和很多年轻人在一起工作，我愿意帮助他们全面发展。就拿应可为例，我认为她非常有能力去培养新的销售人员。其实我刚刚还与我们的培训部门确认这件事的可能性呢！"

——阿芬，经理，45 岁

阿芬认为员工的个人发展是她非常重要的一项责任。她还认为员工会自己去做他们感兴趣的任务。她对职位背后的个人表示出真诚的兴趣。她也经常与员工进行私人交谈。与员工所做的事情或他们采取的工作方法相比，良好的氛围和友好的关系才是她心里认为更重要的。

在与员工的谈话中，人生导师型领导所关注的重点体现在人际关系方面。即使是与工作内容相关的事情，也会被这类领导置于员工的个人发展和利益上，或者员工未来职业生涯走向的大背景下展开讨论。但是这并不意味着任务就不重要。在与工作内容相关的问题上，这类领导也绝对会帮助员工取得良好的绩效。

对个人的关注是好的，但是如果有太多关注，可能会让员工窒息。此外，人生导师型领导的管理风险是：领导有可能只是一厢情愿地认为某些事情对员工有好处；对于员工来说，可能难以与领导保持原本设定的关系的界限，并同时做好自己的本职工作。

实用技巧：应对人生导师型领导

- 这种领导就像一个"挚友"一样，他真的很愿意为你考虑。把这当作礼物吧，为你得到的所有帮助向他表示感谢。
- 理智地对待领导给你的生活和事业方面的提点，热情的他可能经常给你一些不请自来的建议。
- 你要经常清楚地表明你的期望、想法和抱负。只说一次是不够的，因为领导脑子里往往还有很多其他的想法，当他发现自己想的那些都和你想的并不一样时，他会做出相应的调整。对他来说，最重要的事情还是让你能在工作中感觉良好。
- 询问领导与工作相关的一些问题，并确保他有足够的时间来讨论这些问题。

（7）追求完美型（The perfectionist）

"我的经理是一个伟大的人，但她太过追求完美了！她真的是在挑战我们，她总是认为我们还能做得更好。如果不是很好，那么她又会召集会议，让大家重新开始设计。她追求的是十全十美，毫不含糊。"

——罗伊，设计师，26岁

"在新产品发布的那阵子，有个周六我注意到库存有问题。我的员工那时并没有发现，于是我打电话给我的经理，我们一起解决了所有问题，然后到了周一，我们便可以继续推进下去。但我也不明白为什么非要我来发现这些错误，大家很可能会据此认为，我什么小事都要求处理得完美。但不论自己是否真的想管，反正总要有人去做。"

——尚韬，经理，55 岁

尚韬是一个完美主义者。她要求她的员工以最佳状态去工作，以达到她所希望的超凡脱俗的效果。她对一起合作的人，以及他们能处理的工作，都有极高的期待。如果事情没能做好，她宁愿折腾自己把它完成。有需要的话，就算要她在假日的晚上忙碌，她也在所不惜。

有意思的是，追求完美型领导通常有紧凑而有序的日程安排。所以当他必须从中挪出一段时间用作他处时，他就会倍感压力。他会对工作的每一步发展随时留意，因为他讨厌任何形式的意外。这类领导的一个管理风险是，领导的控制行为往往会很少为事情留有余地，尤其是对于没有太多经验的职场新人，这类领导会让他们有一种老板对错误"零容忍"的压力，而造成年轻员工不太愿意冒险去充分地探索和发展自我。

然而，这类领导真的是把自己献给了他的工作和员工。他意识到自己对员工的期待很多，会花时间和精力去审视员工是否能够处理得了他们的工作。因此，当员工在压力下濒临崩溃时，他总在那里，随时予以支持。他了解工作量过高是一种什么体验，对外他也会无条件地保护自己的员工。

实用技巧：应对追求完美型领导

- 确保你做好了充分的准备并保持良好的工作秩序，否则，领导会感到很有压力。
- 将工作报告递交给领导前，要自己再读一遍，这样能确保他不会因你的书写和格式错误而困扰。
- 会议结束后，将你们确定好的所有事项以及截止时间以会议报告的形式发给领导，这样你可以检查自己是否清楚地了解每件事情，也让领导对你的工作能力和责任意识有信心。

■ 自己采取主动。如果你有时候跳过领导依然能把事情顺利地做好，这将使领导给你更多的自由，不再更多地控制你。

■ 当你无法保证在截止时间前完成工作，或者你的计划与预期不太一致时，请及时告诉领导，这样对领导来说就避免了不愉快的意外，他也会对你及时指出问题的行为感到放心。

■ 与领导分享你的一些个人方面的困扰，例如过高的工作量，有可能领导会帮你分担重负。当然，你需要以尊重对方和其他同事的方式来表达。

（8）友好的工作狂（The friendly tyrant）

"马克是个非常讨人喜欢的家伙，但是他对工作的要求非常高。对他来说，工作永远是第一位的。他会在最不合适的时候给你打电话，发电子邮件，他好像不明白我除了工作还有生活。"

——小佩，经理助理，27 岁

"我真的很爱我的工作。我们的员工能获得很好的薪水和大量的自我发展空间，因此我希望他们能够 200% 地投入到自己的工作中。所以当他们要加班时，我认为他们就不应该抱怨什么。毫无疑问，我们要提供一流的服务。有时候这些年轻人并不理解这一点，然后我就非常礼貌地向他们解释说，你们在工作中有很多机遇，而机遇只会留给那些愿意为之付出努力的人。"

——马克，经理，42 岁

马克喜欢独揽大权。他有很高的目标，并希望他的员工尽一切可能实现这些目标。他自己会思考某个项目应该如何完成，然后将这一愿景"安置"到他的员工身上。对于员工需要做哪些事以及如何做，他都指导得非常详细、一丝不苟。员工可以借此讨论该项目的下一步工作计划或者目前出现的一些障碍。因为他会安排足够多的会议，所以没有必要再在非正式的时候向他咨询。

虽然说个人发展的空间对一个员工很重要，但友好的工作狂型领导认为取得工作成果才是最关键的。如果能给予员工合适的发展空间，友好的工作狂型领导也能与员工保持良好的关系。然而除了正式的会议，这种领导并没有为员工的个人发展投入大量额外的时间。年轻员工可以从他们的工作中学习，但来源于领导的较高期望会造成员工之间互相攀比的风险，例如评比谁是最佳员工，谁工作时间最长，或者甚至谁在最不合适的时候发送工作邮件等。

实用技巧：应对友好的工作狂型领导

- 尽管你可能会喜欢多一些自由，但还是要为领导给你的众多指导表示感激。
- 为会议做更多的、额外的准备，证明你已经仔细思考了如何最好地完成工作任务。
- 监控自己的极限，当压力过高时请表达出来。
- 打造良好的同事关系，这样你就可以寻求同事的指导和支持，也有助于打造积极的团队精神。
- 当领导对你犯的错误大发雷霆时，请辩证地看待它。不要带入个人色彩，勇敢承认你犯的错误，从错误中学习，这样就能避免下一次犯错，你逐渐会从错误中变得强大。

（9）自我测试：你的领导有哪种管理隐患

读完这章后，你是否还不能完全确定你的领导有哪种管理隐患？他是更专注于"任务"还是"关系"？做一下测试并找到答案！每道题后面都有 1~5 分的选项，请根据情况打钩。

1=（几乎）从不

2= 偶尔

3= 有时

4= 经常

5=（几乎）总是

① 在工作以外的时间还给我打电话谈论工作问题。

　　1　2　3　4　5

② 希望和我在社交网络上成为朋友（如微信、QQ 等）。

　　1　2　3　4　5

③ 代替我做大多数的决定。

　　1　2　3　4　5

④ 对我的工作方式不放心。

　　1　2　3　4　5

⑤ 认为关注我的个人问题也是他的工作内容。

　　1　2　3　4　5

⑥ 为我的未来计划提供建议。

　　1　2　3　4　5

⑦ 希望我立即执行他布置的任务。

　　1　2　3　4　5

⑧ 和我在一起时很随意，不那么正式。

　　1　2　3　4　5

⑨ 认为了解员工的想法和感受很重要。

　　1　2　3　4　5

⑩ 希望能和我一起参加工作场合外的活动。

　　1　2　3　4　5

⑪ 询问与我的工作相关活动的详细报告。

　　1　2　3　4　5

⑫ 检查我在执行任务时的每一个细节表现。

　　1　2　3　4　5

⑬ 尽一切可能与我建立友好亲近的关系。

　　1　2　3　4　5

⑭ 与我讨论大量的工作问题。

　　1　2　3　4　5

⑮ 对我的工作要求特别高。

　　1　2　3　4　5

⑯ 鼓励我与他谈论私人问题。

　　1　2　3　4　5

评分和解释：

问题①③④⑦⑪⑫⑭⑮测量的是"任务"。数一数你的答案并写下你的分数。总分 =＿＿＿＿＿＿。

问题②⑤⑥⑧⑨⑩⑬⑯测量的是"关系"。数一数你的答案并写下你的分数。总分 =＿＿＿＿＿＿。

　　这两个分数显示你的领导对待你的态度，以及他存在的潜在管理隐患。分数过高或过低都有其缺点。

　　把"任务"上的得分放在下图纵轴上，把"关系"的得分放在横轴上。将这两个点用直线连接，找出你的领导的弱点所在。

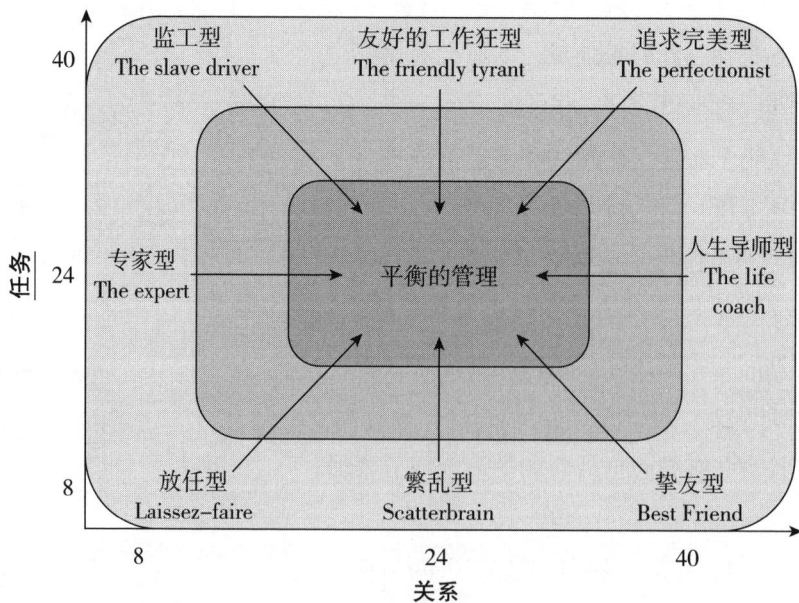

八种隐患测试

第 **4** 章

准备好了，实战应对

现在，我们已经知道了该如何对领导的期望作出回应，以及如何应对他们的管理隐患。本章接着介绍我们研究中的参与者所经历的一些常见情况。每一个场景我们都会简单介绍一下大致情况，然后给出这些参与者成功应对的例子。

我们在本章中会回答的问题有：

① 我该如何寻求并获得反馈意见？

② 亲自说服我的领导，这可能吗？

③ 我能得到更多有挑战性的工作吗？

④ 如何掌控我的私人生活与工作之间的界限？

⑤ 怎样做到同时给多个领导汇报？

⑥ 要让领导注意到我和我的工作吗？

⑦ 我如何向领导提供建设性的反馈意见？

▪ 1. 我该如何寻求并获得反馈意见

"我对上次绩效考核所得到的反馈的质量真的感到很失望。我原以为经理会把我所有的工作成果在我的业绩评估上至少有针对性地做一下点评，但除了'一切进展顺利，来年再接再厉'之外，我没有听到任何其他的反馈。这真是令人沮丧，因为我不能借此来提高自己。"

——雷蒙，初级分析师，22 岁

　　我们在与众多职场新人的访谈中发现，他们普遍抱怨的一件事就是：他们希望从领导那里获得更多的反馈。在人生的第一份工作中，你还拿不准别人对你会有哪些期望，而同事们又如何看待你。毕竟每个人对个人表现的自我评估都会存在盲点。因此，从反馈意见中获取自己需要在哪方面提高，确实是有助于个人发展的一个行之有效的方法。总之，每个人都需要一些反馈，但对于年轻人而言，它尤其重要。

　　对此，我们提供的第一个实战技巧是：花点时间来进行交谈。通过确保你和领导有单独会谈的充足时间，你们可以更容易地进入有深度的交流。特别是当有一些你认为困难的工作问题需要讨论时，更要多花点时间来探讨。

　　如果你向领导表达出你希望听到他对你的反馈意见，那么你就正在鼓励领导和你一起，培养出互相给予反馈意见的习惯。正如下面的例子：

　　"每当我做演示并且经理也在场时，我会请他为我提供至少一个好的点子，并指出一个可以改进的地方。现在他已经很熟悉了，所以我甚至不需要再主动请求他这样做，这已经成为我们的一种习惯。而在每一次反馈中我都会学习到一点东西。"

布兰，商业顾问，27 岁

　　询问同事对你的看法是件很有趣的事儿。他们通过与你一起积极地工作，也许能看到你不为人知，甚至不为己知的另一面。当领导对你的个人发展和困惑无法投入太多精力帮你解决时，向你的同事征求意见，也不失为一个了解自己的好办法。**选择那些和你在工作中积极配合的同事，把你能想到的具体问题提给他们。**

实用技巧：有关反馈的 20 条"请注意"

接收反馈时，请注意：

- 定期征求反馈信息；
- 把反馈看作礼物，而不是批评；
- 保持开放和好奇的心态；

- 不要盲目为自己辩护；

- 确认你那一版的理解真的是正确的理解；

- 请对方举出例子，来求证你的理解；

- 询问别人希望你做出什么行为上的改变；

- 不要攻击对方（不要开始对对方进行负面评价）；

- 感谢对方；

- 考虑你下一步要如何做。

提供反馈时，请注意：

- 选择在双方都觉得适当的时机；

- 检查你的动机（你到底希望通过反馈达到什么目的）；

- 不要只给负面的评价，要给予一定的正面的积极的反馈；

- 公开、诚实、有建设性；

- 针对行为，而不是人；

- 仅仅描述你所观察到的具体行为，不主观臆断；

- 只代表自己发言，不要代表别人；

- 指出对方的行为对你的影响；

- 在观察到该行为后，尽快给予反馈（要么马上说，要么闭嘴）；

- 给予对方回应的时间和空间；

■ 2. 亲自说服你的领导，这可能吗

"虽然我现在有一个工作，但我还是想接受更多的培训。我有一个去深圳参加一年全日制技术培训的发展机会，培训费当然贵得可怕，但我可以选择尝试着问问老板，也许我能通过问他，得到一个肯定的回答。我早已向我的领导多次提到过我希望接受更多培训的想法。我们的业务需要这样的技能，总得有人去学习，

为什么这次不能是我呢？所以我去找了我的经理，他首先肯定我这个很主动的想提升自己的想法，但同时，他又担心公司没有那么多培训上的预算。最终我们商定，我改去一个为期10天的培训。就这样，我们结束了讨论，我也非常高兴。

所以遇到这种情况最好直接问，我充分利用了我还是年轻人这个优势。如果我问了一个不恰当的问题，我就会用我太年轻、太幼稚等做借口，然后会接着说，我不知道原来这个问题不恰当呢……哪怕是最坏的情况发生，我都可以这样摆脱尴尬。"

——爱思，人力资源顾问，23 岁

市面上有很多关于教你如何更好地说服别人的书，学术界也有许多相关的研究文献。一些书具有非常吸引人的标题：《说服力的六个秘密》[1]《让创意更有黏性：创意直抵人心的六条路径》[2]，这类书多年都处于畅销书排行榜，这些书和研究中提到过的许多技巧都在我们的受访者的故事中有所体现：

■ 当你提出一个新想法时，就试着讲一个故事。例如，当你为一个问题提出几种不同的解决方案时，就要按照时间顺序讲清楚你是如何想到某个特定方案的，这能使领导更容易顺着你的故事、跟随你的思维。人类的大脑确实更容易记住故事，而非孤立的、枯燥的事实。

■ 领导不只是根据你提供的信息来做决定。他们通常还想知道你的同事的看法，并考量如何对你的建议进行调整，以符合组织的利益。因此，你需要检查一下你的某些想法在同事眼里或组织外部能获得什么样的支持。例如，如果你的公司还没有使用某个特定电脑程序，但你们的竞争对手已经用了，你就可以用这个信息引起关注。

■ **受益于你的人也更倾向于回馈于你。**面对额外的工作任务，你需要展现出自己最好的、最灵活的一面。如果你对额外的工作任务任劳任怨，你的领

---

① Cialdini, R. B. (2009). Influence: the six secrets of persuasion. Academic Service.

② Heath, D., & Heath, C. (2013). Made to stick: why some ideas survive and others die. Pearson Education.

导随后也会想着为你做点什么。但要注意，不要带有明确的交易意图。在你做完这些额外的工作任务后，过一段时间再对领导有所期待吧。

- 了解领导的喜好。每个人都有一些让他们更容易被影响的因素。你可能会发现领导把产品利润率作为特别重要的事情，或者领导特别注重团队协作的优化。无论他的喜好是什么，都请把它纳入你的考虑计划中，它将会增加领导对你的好印象。

- 不管你的领导吃哪套，你的热情和自信总是一张好牌。毕竟，如果连你自己都不热衷于你的计划，凭什么让领导那么做呢；如果你自己都不能被你的建议说服，你又怎么能指望领导对它有信心；所以，带着热情和信心来展示你的计划吧！

- 适当的准备是至关重要的。如果你想说服领导，你才是一个新项目的合适人选，那么就向他展示出你至少对这个项目需要哪些资源很是了解。告诉他，你在项目中会担当怎样的角色，或者你会用哪几个步骤来实施这个项目。通过这种方式，你向领导证明了你的能力，增加了他对你的信心。

（1）自信、固执和傲慢

"谦虚才是真正的自信。"

如果你刚到一个新的地方工作或刚工作不久，自信都是非常重要的。但是你的同事和领导通常不会喜欢自大、傲慢的人。如果你不向他人咨询问题，不愿意接受反馈意见，试图超越别人而不赞赏或支持他人的想法，那你没准儿就是团队里那个惹人讨厌的固执家伙。

真正的自信与谦虚是相关的。你需要尊重他人及其想法，并在此基础上开展对话。

面对工作问题，除了直接报告给领导，有时让领导自己发现问题也是个明智之选。一些领导认为想出好主意是他们自己的工作，他们不轻易接受来自员工的建议。在这种情况下，员工可以不露痕迹地给出点提示，让领导根据这些提示发现问题。正如下面的例子所述：

"我在一家鞋店工作，我们经常是下午6点关门。但我注意到许多客户希望我们在周五延迟营业时间到晚上，于是我就把情况汇报给了我的经理。我说，有一个客户想买鞋，但她只能晚上来，这就很遗憾。我把不少类似的问题向他提了很多次，最后我的经理决定周五晚上也开门。当这个举动大获成功时，他对'由他自己想出的好点子'感到很自豪。"

——小雅，鞋店销售员，22岁

另外，阐述问题的方式和顺序也很重要。有时当你提出一项已经多次被否定的建议时，就可以使用一个不太留有余地的方式进行阐述，让你的领导很难拒绝。例如：

"如果我问一个卖家'你能不能降低价格？'他不会做回应。但是如果我问：'价格上能便宜多少？'然后我总能获得一个折扣。同样，对于你的领导，有时候你也必须这样做。当我第四次跟我的领导商量让我一个星期有半天时间在家里工作还没得到允许后，我给了他一个既定的事实。我说：'我周三下午要和一个客户在我家附近5公里的地方开会，所以我那天上午就在家工作，这样就不会在路上浪费太多时间。可以吗？'从那时起，我就偶尔被允许在家里办公半天时间了。"

——巴图，程序员，24岁

在向领导征求意见的时候，找准时机也很重要。如果你想一次性咨询七件事情，那么很有可能是无法全部说到的。或者如果你没有充足的时间来解释清楚为什么你的想法很好，那么你的领导很可能就不会买单。你最好考虑清楚每件事情的重要性和紧迫程度，并按照它们的优先顺序依次与领导商量。

"我总是尽量有意识地挑选与领导讨论的内容，有时就得设置优先顺序。如果我既想为了项目获得紧急的反馈意见，又需要一台新的电脑，还想获得一天的假期，我就会看看什么是最紧迫的，然后把它放在首位。你需要选择时机，如果一次性全都问了，那么就是冒险，因为你很可能无法对所有的问题都得到一个

'同意'的结果。"

——凯莉，科研助理，28 岁

■ 3. 我能得到更多具有挑战性的工作吗

"只过了短短一阵子，我就厌倦了我的工作。之前他们曾说过，我可以举办研讨会并参与制订计划，但感觉我只得到了一些重复性的、支持性的工作。于是我在想，为什么我就不能得到更好的工作呢？我哪里没有做好吗？我的领导可总是说她对我很满意啊！我觉得没有安全感。在一次周会上，我与领导讨论了这些想法，从那以后，我就得到了其他更好的工作任务。我会定期提醒她，让她知道我喜欢哪些工作、哪些能做好、哪些不能。现在领导会经常调整我的工作内容。"

——依梅，培训人员，22 岁

并非所有的职场新人的工作任务都具有同样的挑战性。很多新人最初通常会做一些重复性的工作，即那种很快能学会的任务。这样一来，新人就能迅速为团队创造生产力。但经过一段时间后，你可能会觉得无聊。**职场新人们往往会有种不确定感。**他们会想：这就是我的工作吗？我还会继续做这些工作吗？会有改变吗？我这样做对吗？领导对我满意吗？我真正能从工作中获得什么？我该怎么做才能摆脱这种工作？

（1）耐心是一种美德

没错！许多年轻人在把一件事做了 5 次之后就会感到厌倦。然后他们就自以为非常了解它了，想去学更多东西。真的是如此吗？不要太快地认为你已经在某些任务的执行上足够好了。

除了前面例子中向领导直接表明意愿的方法，你还有其他的选择。有时候，你只需要给自己安排额外的工作就能证明你可以做得更多。如果你证明了自己，领导之后会更倾向于给你更多具有挑战性的任务。

"我得写一个很难的报告，但我以前从来没有这方面的经验。事实上我应该等到领导休假回来，然后我们一起做。她不在的时候，我也一直在上班。我只是想尝试自己写一下，并从中学习。当她回来后，发现我已经写完了，她感到非常惊喜。"

——特恩，初级分析师，26 岁

当领导非常繁忙或混乱的时候，你可以对此作出回应。在领导忙于参加各种会议、帮助他的员工、管理自己的上司并执行他的项目时，即使他忘记你们之前讨论的决定，这也没什么大惊小怪的。你应当借此机会为自己安排工作，就像下面卡罗琳的例子：

"我来这儿工作的第一个星期五，就为一个项目可能具有的新途径开展了头脑风暴。我非常热情地参与其中，并决定周末之后再在这次会议的基础上对具体步骤进行讨论。为了表示我的热心，我忙了一整个周末来为星期一的会议做准备。但当我参加周一的会议时，我看到领导走到我们之前进行头脑风暴的挂图前，撕下了那页讨论的结果。他是想重新开始计划。可怜我那一个周末的全部努力都白费了。"

——卡罗琳，市场助理，27 岁

尽管卡罗琳没有得到好的结果，但她的行为也为未来的工作任务做好了充分的准备。她可以继续与领导一起思考，并将上一次头脑风暴的精华带到新的工作设计中。从她的例子里我们也要认识到，缺乏耐心并不是什么好事，有时候你自作主张地做一些工作，到头来，却可能只是白费精力。当你不确定时，你最好去咨询领导，也许领导确实有一个你可能没想到的办法，通常领导比员工更了解组织以及所有可能的不同选择。

"在我的业绩评估中，我问经理我应该挑选些什么任务去做。我表明了自己的发展需求，并询问我能从这些工作中学到什么。她也得为我做一些事情，例如联络他人，实际上她把这些事情完成得非常之快，很显然，她之前已经为我想到这一点了。"

——小桑，实习生，21 岁

■ 4.如何掌控我的私人生活与工作之间的界限

"我无法想象在这样一个组织中工作是什么感觉：如果我晚上给某个人发送电子邮件，他要等到第二天早上才回复邮件，这表明那里的员工并不积极上进。"

——贾斯伯，CEO，52 岁

现在的员工必须得随时待命。随着现代科技的发展，工作时间和私人时间的界限似乎消失了。年轻人要是立志在他们的新工作中迅速地证明自己，似乎就得为了工作牺牲他们的私人时间。值得注意的是，大多数参与我们研究的年轻人都对这些工作压力表示没意见。而另一些人则有些看法：

"如果在家里办公，我就会感到巨大的压力，因为我得随时待命。我甚至把手机带着去上厕所。我们有一个沟通系统，在那里可以通过颜色来判断某个人是否正在用电脑忙着工作。当我在家工作时，我会把这个颜色调成绿色（表示在线）。如果我知道有人在家里工作而看到她是橙色的（表示已经15分钟不活跃了），人们就会猜她可能是在洗碗干家务去了。我可不希望我的同事认为我也这样在家偷懒。"

——杨特，项目助理，26 岁

现如今许多年轻人因为职业疲劳综合征而影响了本来正常的工作。这种现象说明我们需要认真思考该如何守护自己的工作与个人生活的界限。虽然在家办公通常被视为一种平衡工作和私人生活的方式，但它对有些人而言，也可能是一种压力来源。

"那个在公司外开年会或部门总结会的习惯，并不是一开始就自然而然产生的，而是经过我们讨论一致同意的。参加这种会议，形式上却感觉更像是一次团队活动，可对我来说，那依然是工作。我通常不会拒绝，因为我希望与大家保持良好的关系。如果你从来都不和你的同事一起出去，就不太好，那样似乎显得你对你的同事没有兴趣。而且我在我的业绩评价上看到，他们对我能尽力参加工作外的集体活动表示很开心，所以我继续在尽我所能地参与。"

——忒斯，初级客户经理，25 岁

与同事一起参与社交活动，对某些人来说，可能是一种额外的压力体验。在有些工作场合里，似乎每周都组织社交活动。尽管这些活动的安排都是出于善意的，但对有些人来说，那些活动本身也是额外的负担，是对他们私人时间的额外占有。例如，**在公司或组织内部利用手机上的 APP 和员工随时沟通与公司或工作相关的信息，可能是对员工私人生活界限的侵犯。**

（1）在手机 APP 上，与你的领导成为好友

在工作中你可以选择把或多或少的私人生活内容展示出来，你可以只告诉你的同事和领导那些你想分享的故事。但是，在 APP 上你该怎么做呢？如果你的领导要添加你为好友，那又该怎么办？如果同意添加，他就能看你的个人照片，并有可能窥探到你的生活。可这比之前的"有限的了解"更多些的了解，也许会改变他对你的看法。此外，你是否需要在 APP 上接收领导发送的消息？特别是如果他邀请你参加某个你并不真正感兴趣的活动，那你就会感到很不自在了。

可如果你不想加他为好友，该怎么办呢？这些都是许多职场新人面临的问题，对有些领导来说也是一样……

"当我的经理在我来这里上班一个星期之后，我的手机上就收到了'添加我为好友'的请求，我感到很震惊。尤其是我在开始上班前就加密了我的个人资料，甚至修改了我的名字，但很显然，他还是找到了我。太可怕了！我并不希望他知道我周末都做些什么。我不知道如何处理，就干脆忽略了这个请求。我希望他对

此不会再说什么。"

——米娜，培训人员，24 岁

"我认为能和我的经理一起出去玩儿是很棒的一件事！我们是非常要好的朋友，我们总会待在一起。而事后的照片就会晒在社交媒体上，就像跟我其他朋友在一起时一样。我认为这是世界上最正常不过的事了。"

——阿德，顾问，24 岁

"我的老板最近添加了一个群组，然后通过手机号码找到了所有员工，并把大家加入这个群里面。我本来没有这个 APP 的账号，但上周他居然邀请我创建一个账号，并说'这样我们就都可以随时联系上了'，我能拒绝吗？"

——网络匿名提问

（2）我到底该怎么办

- 不要太快地同意或拒绝，仔细考虑一下领导的请求，考虑一下后果。
- 与同事确认一下你们团队和组织的习惯。
- 如果你不喜欢和领导成为线上好友，你可以直接忽略他的请求，也可以对此做出解释。后者是更好的办法，因为这表明你在为你们的关系认真做着考虑。
- 根据你被邀请的方式来作回应：是线上的邀请（一种间接的沟通形式），还是领导面对面跟你说的？在后一种情况下，你可以说你需要考虑一下，因为在手机 APP 上分享的信息对你来说比较私密。
- 如果你要当面拒绝他的邀请，请遵循反馈意见的规则。你可以说："谢谢您的邀请，我认为这对您来说确实标志着友谊，但对我来说，工作和私人生活恐怕得稍加分离。"
- 最好使用一些幽默方式，不要太过严肃。
- 邀请领导在其他更偏重业务信息交流的社交网络（比如 LinkedIn）上做好友，告诉他你想要建立你的业务网络。

■ 5. 怎样做到同时给多个领导汇报工作

"我所在的项目里有两个经理，这让我工作起来相当困难。虽然他们的工作职责和范围都被正式分开了，但仍然显得有些重叠。有时候在做决定时，这两个经理各自有其截然不同的想法，但它们都同样重要，因此不会产生一个人对另一个人施压的情况。我常常忙于整合他们的思想，这样让他俩都感觉有所参与，然后我就能继续我的项目了。"

——劳伦，会计师，26 岁

在当今的组织结构中，员工很可能会同时给好几个领导汇报工作。员工经常有一个组织结构上的管理者，但同时也会在多个项目经理手下开展与各个项目相关的工作。这些项目经理有不同的性格、需求和期望，而且他们每个人都会认为自己的项目才是最重要的那个。因此，员工常常需要面对来自不同项目经理做出的互相矛盾的决定，或者因为每个经理都没有意识到其他经理的项目，从而导致员工拥有过度的工作量。成功地管理你面对的不同领导，对你成功整合不同的项目工作非常必要。

如果你在同一个项目中有多个经理，那么最大的问题是：你该什么时候单独与他们见面，又该什么时候把他们召集到一个会议室讨论问题？受访者给我们讲了一个故事，正好揭示出了这个问题的解决办法。

"我非常清楚我的经理们的喜好，其实很简单：如果我有一个有创意的改进事物的新想法，我会去找我的顶头上司；如果我感觉工作量太大或者想有一个假期，我会和我的第二个经理讨论，然后要么由我把讨论结果直接告诉顶头上司，要么让我的第二经理去告诉他。"

如果你有多个经理，照顾他们的不同利益是很重要的。除此以外，你还要看看该领导在你感兴趣领域的专业程度、话语权的大小以及与你的私人关系如何。衡量完这些之后，通常你就会清楚先去找谁、后去找谁了。对待并不需直接汇报工作的经理，你一般只需要通知并询问他是否会参与你们的讨论即可。

当你的多名经理分别来自不同的项目，你就必须进行多方告知。由于每个项目的经理往往不知道其他项目的繁忙时段或截止时间，你就需要把你的这些计划安排告诉所有人。具体做法可以参考本书第二章中"充分的信息与沟通"的一些技巧。

6. 要让领导注意到我和我的工作吗

"我一直试图明里暗里告诉我的经理，让他意识到我一直在忙着工作。比如，当我走进她的办公室询问周末过得怎么样时，我会顺便用 5 分钟迅速解释一下我目前正在做的工作任务，事实上，我花费大量的时间去解释我所做的工作和这样做的原因。在我的业绩评价中，我的经理表示她很欣赏我的这些告知和反馈。他因为了解我所做的事情而感到很舒心。"

——马赛拉，个人助理，23 岁

有人说，**获得升职的关键不在于你自己有多么努力工作，而是你的领导认为你有多么努力工作**。虽然领导对你的评价也取决于你完成工作的时间和质量，但他对你的看法有时还依赖于其他事情。我们都知道，有些人虽然不努力工作，但总能设法给人以努力工作的印象。尽管这着实让人感到厌恶，但这也说明**领导对员工的印象确实是与员工本人如何展现自己有关**。人们会积极地展现自己好的一面，这被称为"印象管理"。虽然印象管理往往有些负面的含义，但它也有些正面的因素。

我们并不赞赏那些不好好做事却不惜一切代价宣传自己的人。他们的行为或许可以在短期内有所受益，但从长期上看，就会自食其果。因为如果你不能在领导或同事面前实现你的承诺，你就不太靠谱，你从他们那里所能得到的资源和信任就变少了。所以，**我们的底线仍然是"做好本职工作"，然后再讨论其他的自我展示技巧**。

但是你该如何让你的辛苦工作被领导看见呢？你如何把你所取得的成就展现给你的领导呢？你如何确保他知道你的表现良好呢？这里同样要看看领导在团队中所看重的是什么。例如，一些管理人员认为员工习惯性地加班，那就是努力工作的一个重要标志。

"我的经理总是早上9点到办公室，但是他要开一整天的会议。到了晚上所有会议结束后，他会经过我们部门，并对那些还在岗位上加班的同事表示赞扬。起初我总是早上7点半就开始上班，直到下午5点下班。我也是工作了漫长的一天，但我觉得没有人看到我的努力。我的同事经常11点才来办公室，然后一直工作到晚上9点。过了一段时间，我才明显意识到我的领导认为其他同事的想法比我的更好，因为他们的工作更加努力。现在，我还是照以往的时间上下班，但是我会把以往白天需要发送的电子邮件设置一个延缓时间，让它们到深夜才发送。现在我能感受到领导对我有更多的赞赏了。"

——许克，项目协调员，29岁

上面这个例子表明，重要的不只是你所做的事情，还有你能给领导留下什么样的印象。此外，选择正确的项目可能也很重要。如果你在一个领导本来就非常重视的重大项目里工作，你会获得更多的关注。下面这个例子就说明了这点：

"除了日常工作，我的经理认为每个团队成员都应该承担一些额外的团队职责。例如组织团队活动（比如新年、春节、家庭日），撰写团队内部通讯，在人才招聘会中为同事们的展台帮忙，等等。我的经理总是会亲自出席那些招聘会，所以我会确保自己也到场。他认为我们应该在那些场合给外人留下好印象，因此在这些场合我会尽力展现自己最好的一面。"

——马可，HR招聘主任，25岁

7. 我如何向我的领导提供建设性的反馈意见

"在评价我的工作绩效时，我的经理总是问我有没有什么反馈意见给她。但这对我太难了。我感觉无论我说些什么她都会很开放地接受，但我就是很难开口。"

——吉儿，实习生，25岁

给你的领导提供反馈意见是一个禁忌，我们的受访者都认为"不能这样做"。通常让管理人员纠正他们自己的工作内容都有些过分了，更何况要当面揭他们的"短"呢，你怎么说得出口呢？如果可以的话，最好毕恭毕敬地说些仔细斟酌过的句子。请参考本章第一节中的实战技巧：有关反馈的20条"请注意"，来获得一些灵感吧。在绩效考核的谈话中，开展对领导的"向上反馈"是个理想的情境。但如果你还是感到不太舒服，或者你的领导本来就对批评或者反对意见不能做到敞开心胸地开放接受，你还有另外两个选择：非语言沟通以及正面强化法。

提供反馈可以采取多种形式。直接用语言把坏消息传递给你的领导，这貌似并不总是有必要的。你可以利用非语言的交流方式，因为不需要语言你也可以传递一个明确的信息。想想一个坚定的眼神、一声微微的叹息，或者甚至转动一下你的眼睛，这些都是有着明确指向的肢体语言。

"一个紧急会议已经被延期了三次。到第四次时我真的有些事情要说，但在我有机会开口之前，我的经理已经来到了我的办公室，他当时处于彻底慌乱的状态。他的日程安排得特别紧，无奈，会议只好再次改期。当时我再也无法控制自己，我真是受够了，便发出了一声叹息。他注意到了这一点，立刻给我道歉了。我不知道第五次尝试是否会成功。"

——缇缇，活动策划，27岁

几乎每个人都会向管理者传递非语言的信息或反馈，但它们并不总是能得到期待中的回应。如果管理者没有捕获到或没有正确地理解该信息的含义，就无法达到你希望的效果。所以，如果当你真的想做些改变时，最好使用表达得更为明确的方法。

这并不意味着你要坦率地给领导你的意见。有一条好建议是，要不断地利用各种机会肯定、赞赏（正面强化）领导做得好的那些管理行为。要知道，**对于管理者做得好的那些事情，如果我们能够面对面地、及时地、积极地关注和评价，会有助于管理者在未来呈现更多这样好的行为。**例如：

"在与我的经理的交谈中，我会把重点放在我所做的所有有意思的事情上，一个不落。而对于那些没那么有趣的任务，我就留给自己默默地完成，而对我更关注的那些工作中有趣的部分，我猜经理会越来越多地派给我的。"

——华娜，人力资源经理，24 岁

第 **5** 章

结语

　　"我不想身边都是那些只会说'是'的应声虫。我希望所有人都跟我说实话，即使说实话本身可能会让他们付出一些代价，但毕竟这才是作为员工的本分。"

　　美国著名电影制片人山谬·高文[①]的这句话为本书的内容提供了一句箴言。

　　如果你是一个刚刚步入职场的年轻人，你会以饱满的热情和激情去工作。你想要了解和发现你的能力，而你的领导可以为你提供帮助。但这一切，都需要你自己的承诺和投入，敢于向领导说出你所看到的、你不能做到的以及困扰你的事情。

　　步入职场意味着你将发现一条阐释和表达自己的新途径。你是谁？你能做些什么？你想要做些什么？不管怎样，领导总在你的工作中发挥着重要的作用。无论他为你树立的榜样是好是坏，你都会找到如何成为一个专业人士的方法和途径。最终，你会明白自己究竟想要成为一个什么样的人。

　　祝你好运！并请记住：勤加练习，熟能生巧。

---

① 山谬·高文（Samuel Goldwyn，1882—1974）：大片厂时代美国著名独立电影制片人和企业家。

比利时鲁汶大学组织心理学与专业学习研究中心（Occupational & Organisational Psychology and Professional Learning）

KU LEUVEN

主任：马丁·乌尔玛（Martin C. Euwema）教授。

简称 O2L 研究中心，是比利时鲁汶大学下属的研究单位。O2L 研究中心融合了来自心理学科研领域和教育学科研领域的两大专业学术研究团队。O2L 研究中心有包括教授、博士后和博士生在内的超过 60 名研究人员。该中心承载着三个使命：研究、教育和咨询。

在科研方面，O2L 研究中心的课题涉及领导力、工作设计、工作倦怠、团队动力学、团队学习、就业力、追随力和冲突管理等多个领域。O2L 协调并参与了一些大型国内和国际研究计划，每年发表数百份作品。

在教育方面，O2L 研究人员负责教授鲁汶大学的心理学和教育学两个学科的本科生和硕士生课程。课程主要有：组织心理学、群体动力学、人事心理学、伦理学、组织决策与变革，等等。

在商业咨询方面，O2L 通过研讨会、讲习班和辅导项目将相关理论和实践良好地结合起来。

https://ppw.kuleuven.be/o2l

比利时鲁汶联合管理中心（The Leuven Center for Collaborative Management）

LCM
powered by
· · · · contrast

主任：马丁·乌尔玛（Martin C. Euwema）教授。

联席主任：阿兰·劳伦·韦伯克（Alain-Laurent Verbeke）教授。

比利时鲁汶联合管理中心简称 LCM，是比利时鲁汶大学的一个研究和实践专业中心。它主要涉及法律和组织心理学这两个领域，LCM 的使命是在领导力、谈判和冲突解决领域的理论与实践间架起桥梁。LCM 基于三大支柱：研究（例如参与了新欧洲工业关系研究团队）、教育（例如跨学科的谈判课程）和咨询（例如比利时德勤的研讨会）。

该中心 2009 年由亚兰阿兰·劳伦·韦伯克教授和马丁·乌尔玛教授共同创办并主持，由忒斯·博祖（Tijs Besieux）博士负责运营。

LCM 依托国际上广泛的大学和机构网络，促进最新的理论和实践发展，在为理论研究提供支持的前提下，也为客户的成长提供咨询和建议。

https://ppw.kuleuven.be/home/english/research/wopp/leuven-center-for-collaborative-management

清华大学战略新兴产业研究中心（Center of Strategic Emerging Industries, Tsinghua University, CSEI-TU）

主任：吴金希教授。

战略新兴产业研究中心成立于 2011 年，是经过清华大学社会科学学院院务委员会批准的院级跨学科综合研究平台。

战略新兴产业的发展在全球范围内方兴未艾，已经成为我国"十二五"发展规划的中心内容之一，也已经成为我国未来产业发展和经济转型的战略重点。清华大学战略新兴产业研究中心旨在整合清华大学校内外优质学术资源，围绕着战略新兴产业的关键共性技术、产业发展前景预测、未来商业模式、产业投资分析、产业竞争优势和价值链分析、产业的社会影响等领域开展深入可持续的基础研究，并将研究成果用于人才培养和社会服务。力争在不久的将来发展成为我国战略新兴产业研究领域的权威学术机构，在学术发展和人才培养方面发挥重要的引领和辐射作用。

中心主要研究方向：

- 战略新兴产业的宏观政策研究
- 产业聚集与地方战略新兴产业政策研究
- 产业链与产业安全研究
- 全球战略新兴产业链动态性分析
- 产业创新发展工程研究
- 关键共性技术成熟度及预测分析
- 突破式创新产业化的社会条件分析
- 战略新兴产业的社会影响研究
- 产业的市场前景与消费习惯研究
- 商业模式创新研究

http://www.tsinghua.edu.cn/publish/ists/4391/2011/20110418150500188237100/
20110418150500188237100_.html

北京理工大学中外家族企业联合研究中心（Joint Research Center for Sino-foreign Family Business, Beijing Institute of Technology, JRCFB ）

主任：裴蓉教授。

联席主任：王勇教授。

北京理工大学中外家族企业联合研究中心，经北京理工大学校长办公会审定批准，成立于 2012 年，属于校级联合研究机构。它的前身（成立于 2008 年）由北京理工大学管理与经济学院裴蓉教授与英国胡佛汉顿大学胡佛汉顿商学院王勇（Yong Wang）教授共同创办，隶属于管理与经济学院。联合研究中心以国际团队合作研究的方式运行。

联合研究中心旨在针对创业与家族企业研究领域建立中国与国际交流的平台和沟通的管道。整合北京理工大学的资源和特色优势，借助于国际研究平台，直接进入研究主流，构建学术界、企业界和政府机构之间的综合性跨界研究平台，坚持学以致用，探寻理论、实践与政策衔接的新型模式，并发挥重要作用。争取在国际化进程中成为具有重要影响力的学术机构。

联合研究中心依托管理与经济学院，以开放的姿态、灵活的合作模式构建国际合作研究团队。目前主要的合作研究团队有 20 多名成员，其中有半数来自各国大学的受聘兼职教授及合作研究员。来自英国、美国、比利时、德国、丹麦、意大利、新加坡、澳大利亚、塞浦路斯、加拿大、日本等国的大学教授和研究人员以不同的合作模式加入合作研究团队并开展学术活动，包括联合申请合作研究课题、联合发表合作研究论文、出版合作研究专著、联合培养学生以及联合提供社会服务，取得显著成果。《家族企业原理》作为合作出版的成果，是迄今为止国内第一本家族企业领域的专业教材。

在联合培养方面，在学校"十三五"规划提出打通本科与硕士、硕士与博士学术通道的基础上，中心为本科生和研究生提供多样化的交换与联合培养的平台与机会。中心每年都选派学生到这些合作大学进行交流；中心的学生以团队方式开展学术研究并配备海外合作导师；学生都有机会参加国际会议，通过国际学术网络与世界各国学者进行学术交流。

联合研究中心一年一度举办国际学术会议或国际论坛，迄今为止已经连续举办 8 届。2010 年与国际家族企业学会（IFERA）联合举办的国际会议，开启了国际家族企业学会（IFERA）创立以来的首次区域性论坛。

在社会服务方面，本研究中心通过研讨会和工作坊等多种形式，向社会各界传播我们的学术研究成果；通过深入调查及案例研究，为企业提供咨询和顾问服务；通过与企业和政府机构以及其他机构的合作研究，为社会提供人才服务。

联合研究中心的主要研究方向：

- 家族企业传承中的知识传递研究
- 家族企业的动态能力研究
- 家族企业的冲突研究
- 家族企业的社会责任研究
- 天生国际化家族企业研究
- 海外经历对家族企业国际化的影响
- 家族企业中非家族成员叛离行为研究
- 家族影响与非家族成员组织公民行为关系研究
- 家族氛围通过家族认同对家族企业非经营目标的影响
- 家族企业氛围通过心理所有权对员工组织公民行为的影响
- 电子商务对家族企业的影响
- 家族企业的女性研究
- 中国家族企业的阴阳研究
- 中国"去家族化"背景下家族对企业绩效的影响
- 中国家族企业的演变：政策的视角

▧ 中国历史上的家族企业：一项质性研究

http：//sme.bit.edu.cn/zw/kxyj/yjzxky/zwjzqylhyjzx/index.htm

http：//sme.bit.edu.cn/Home/enkxyj/enyjzx/FFB_Center/index.htm

参考文献

[1] Baker, S. (2007) . Followership: the Theoretical Foundation of a Contemporary Construct. Journal of Leadership & Organizational Studies, 14, 50–60.

[2] Bohns, U.K., & Flynn, F. J. (2013) . Underestimating our Influence on Others at Work. Research in Organizational Behavior, 33, 97–112.

[3] Brower, H. H. Lester, S., Korsgaard, A., & Dineen, B. (2009) . A Closer Look at Trust between Managers and Subordinates: Understanding the Relationships of Both Trusting and Being Trusted to Subordinate Outcomes. Journal of Management, 35, 327–347.

[4] Chaleff, I. (1995) . The Courageous Follower. Berrett–Koehler Publishers.

[5] Cialdini, R. B. (2009) . Influence: the Six Secrets of Persuasion. Academic Service.

[6] Follett, M.P. (1996) . The Essentials of leadership. In Graham P. (Ed.), Mary Parker Follett: Prophet of Management (pp 163–177.) . Harvard Business School Publishing.

[7] Hamilton, V.L., & Kelman, H. (1990) . Crimes of Obedience: Towards a Social Psychology of Authority and Responsibility. Yale University Press.

[8] Harris, K. J., & Kačmár, K. M. (2006) . Too Much of a Good Thing: the Curvilinear Effects of Leader–member Exchange on Stress. Journal of Social Psychology, 146, 65–84.

[9] Heath, D., & Heath, C. (2013) . Slice Factor why Catch Some Ideas and Some do not. Pearson Education.

[10] Judge, T.A., Piccolo, R.F., & Ilies, R. (2004) . The Forgotten ones? The Validity of Consideration and Initiation Device Structure in Leadership Research. Journal of Applied Psychology, 89, 36–51.

[11] Jung, D., Bass, B. M., & Sosik, J. J. (1995) . Bridging Leadership and Culture: A Theoretical Consideration of Transformational Leadership and Collectivistic Cultures. Journal of Leadership & Organizational Studies, 2 (4), 3–18.

[12] Kellerman, B. (2007) . Followers Citizenship. Harvard Business School Press.

[13] Kelley, R.E. (1992) . The Power of Followership: How to Create Leaders, People Want to

Follow, and Followers who Lead Them Elves. Broadway Business.

[14] Kelley, R.E. (1992) . The Power of Followership. Doubleday Business.

[15] Oyserman, D., Coon, H. M., & Kemmelmeier, M. (2002) . Rethinking Individualism and Collectivism: Evaluation of Theoretical Assumptions and Meta-analyses. Psychological Bulletin, 128, 3–72.

[16] Riggio, R.E., Chaleff, I., & Lipman-Blumen, J. (2008) . The Art of Followership: How Great Leaders and Great Followers Create Organisaties. Wiley.

[17] Ross, L. (1977) . The Intuitive Psychologist and His Shortcomings: Distortions in the Attribution Process. Advances in Experimental Social Psychology, 10, 173–220.

[18] Tuteleers, C., & Stouten, J. (2013) . The Power of Followers. Master Thesis KU Leuven.

[19] Zapata, C. P., Olsen, JE, & Martin, L. L. (2013) . Social Exchange From the Supervisor's Perspective: Employee Trustworthiness as a Predictor of Interpersonal and Informational Justice. Organizational Behavior and Human Decision Processes, 121, 1–12.

作为经理，
如何管理我们的职场新生代

〔比利时〕雅娜·德普莱斯（Jana Deprez）

〔荷　兰〕马丁·乌尔玛（Martin C. Euwema）　　著

叶　冉　　裴　蓉

北京理工大学出版社
BEIJING INSTITUTE OF TECHNOLOGY PRESS

写给作为读者的你

我们总听人说："沟通是一门学问"。我们还听人说："管理是一门艺术。"今天你手里的这本小书，无论标题和封面多么吸引眼球，它所想达成的目的和传递的信息都十分简单明了。

这就是基于组织心理学的研究，为"有效的管理、沟通与影响力"而写的一本书。

本书的作者们每天都在做着有关管理、沟通与影响力的学问。即便如此，我们也不敢宣称自己掌握了这些技术。我们只有一个小目标：通过脚踏实地地对管理、沟通与影响力的研究，把"学问"与"艺术"都转化为实在和有效的实战技巧。我们希望读者能够通过短短几个小时并不艰深的阅读和学习，就能用书中提出的方式和方法，对号入座地找出对现有问题的新的解决方案。

本书采用了正反双面书的印刷方式。从这一面阅读，书的标题是《作为经理，如何管理我们的职场新生代？》；但如果从另一面阅读，标题则为《作为职场新生代，如何管理我们的经理？》。作为本书的作者，我们期待通过这种方式，可以使年轻员工的管理者和年轻员工本人，都得到机会更深入的了解对方，并明了彼此沟通、相处与共事的有效模式。

在如今百家争鸣的该如何评价职场新生代各种观点中，我们似乎能够看出，**职场新生代群体中彼此间的差异性多过相似性**。那如果再把这群职场的新一代与他们的"前辈"年轻时候的行为模式相比较，人们可讨论且有争议的方面可能就更多了。我们不禁要问：这代人的差异性是否与当前的时代精神有关呢？还是，**这都仅仅是因为他们还正年轻**？

作为年轻员工的经理，如果你从《作为经理，如何管理我们的职场新生代？》这一面读下去，你将会了解到你该如何建立或改善与员工之间的关系，以利于自己以及员工未来的职业发展。年轻的员工热衷于学习他们感兴趣的事情。他们对工作有激情，希望被激励，并乐于接受领导的辅导。**从很多角度讲，今日的他们，都并是昨日的我们**。对此，我们的建议是：从理解他们做起，从理解你自己做起，从改变你自身做起。一个领导给员工的印象，与领导本人如何展示自己有关。我们期待着你使用正确的管理方式与方法，为自己和年轻员工创造理想的工作环境，并让双方都在工作中获得一些乐趣。

　　具体而言，在本书中，我们将会为你解答这些问题：当今的职场新生代到底与以往的年轻人有着怎样的不同？管理者和员工是如何互相影响的？年轻员工们通常对他们的经理有哪些期待？作为管理者，你又该如何回应这些期待？实际的管理工作中存在着哪些"管理隐患"？你又该怎样做，才能避免这些"管理隐患"？

　　如果你从阅读本书中获得了一些启发，也请把这些信息告诉给你周围的朋友和同事。**受益于你的人也更倾向于回馈于你**。也许你会因为这一时的热心，而在以后的日子里收获更多的帮助和友谊。

　　最后想说的是，这本书聚焦于职场，但书中讲述的道理和技巧，却又不拘泥于职场这个情境。沟通与影响，存在于我们的一呼一吸之间，存在于生活的每个角落。在第三章里，我们写道："有一条好建议是，要不断的，利用各种机会肯定、夸奖或赞赏（正面强化）员工做得好的那些行为。要知道，**对于员工做得好的那些事情，如果我们能够面对面地、及时地、积极地关注和评价，会有助于员工在未来呈现更多这样好的行为**。"仔细想想看，这些道理真的不只适用于组织中的上下级关系，也许还适用于你与父母、伴侣、孩子和亲朋好友之间的相处。不要害羞，不要对别人隐藏来自你的真诚的欣赏，不要吝啬你的夸奖。

　　正如我们在书中一再强调的一样：**每个人都在影响着别人**。如果这本小书能够给读者的工作和生活带来任何正面积极的影响，那也是我们的荣幸。

　　　　　　　　　　　　　　　　　　　　　　　　　　　　　　叶舟

　　　　　　　　　　　　　　　　　　　　　　　　　　2017 年 3 月 12 日

作者简介

雅娜·德普莱斯博士简介

雅娜·德普莱斯（Jana Deprez）博士一直致力于将学术知识与实践相结合。她的研究兴趣包括向上领导（upward leadership）、追随力（followership）、行为诚信、主动性（proactivity）、创新，以及对职场年轻专业人员、"80 后"（generation Y）等特定人群的研究。

雅娜刚刚在比利时鲁汶大学完成了她的博士论文，题为《梦想家：领导者该如何鼓励内部创业》。作为她博士工作的一部分，她在一个大型创新型公司内部研究该组织的领导风格。在比利时和荷兰，她访谈了几百名年轻专业人员及其领导，了解他们的期望和互动关系。她以改善领导者与年轻专业人员之间的互动为目的，归纳总结和设计了一系列沟通工具和技巧。在康奈尔商学院访问研究期间，她与同事共同开发了"权力和政治（power and politics）"课程。

雅娜于 2009 年在鲁汶大学获得了 4 个不同的硕士学位（组织心理学、管理学、应用经济学和教育学）。她广泛参与了志愿工作，并为阿特拉斯·科普柯（Atlas Copco）公司开发商业游戏。雅娜曾在比利时 Vlerick 商学院工作，教授领导力、谈判和社交技能课程，为 MBA 学生和管理人员提供高管辅导，并以此为机会开展了有关学习风格的研究。

目前雅娜已发表了 5 篇学术论文，共撰写了 10 篇仍在修订过程中的学术文章。除此之外，她还撰写了 6 篇教学案例（其中有 3 篇是她与 Ecch 一起出版的）以及 1 本内容为商业管理的书中创业部分的章节，这本书是她的第 3 本学术出版物。

　　在未来 3 年，她将继续在鲁汶大学担任博士后研究员，协调一个大型欧洲本地科研项目。该项目通过开发一系列免费、实用且可操作的研究工具与应用案例，意在鼓励组织内部的创业行为和主动行为。除此之外，她还在一些公司和组织内担任培训师和咨询师的工作，并在学校为心理学系的学生教授组织心理学课程。

　　雅娜博士网页：

https：//ppw.kuleuven.be/o2l/english/staff-o2l/00064556

https：//www.linkedin.com/in/janadeprez

马丁·乌尔玛教授简介

马丁·乌尔玛（Martin C. Euwema）教授于 1992 年在荷兰阿姆斯特丹自由大学获得博士学位，研究领域为组织冲突管理。马丁教授目前就职于比利时鲁汶大学心理学院，是管理组织心理学与专业学习研究中心的主任，同时也担任鲁汶联合管理中心（Leuven Center for Collaborative Management）与鲁汶争议调解中心（Leuven Mediation Platform）联席主任。

鲁汶大学的学术水平在欧洲处于领先地位，同时又是欧洲最有历史的大学之一。马丁教授除了在鲁汶大学教授管理组织心理学课程外，还在欧洲多家大学担任客座教授。马丁教授曾经担任国际冲突管理学会主席，在该领域享有盛名。马丁教授曾应邀在多个大型国际学术会议（IMTA, IACM, EAWOP, and AoM）做主旨演讲嘉宾。他在国际知名学术期刊上发表过超过 100 篇学术文章，并就冲突管理和解决、变化中的领导力出版过多本专著。

在学术活动之外，马丁教授也在欧盟委员会和欧洲多个政府机构担任顾问。同时，他还任职多家公司的领导力、职业发展、创新管理和冲突管理方面的咨询顾问。在比利时和荷兰，马丁教授还是多家法律事务所的学术顾问，为个人和企业客户提供家族企业成功案例的咨询服务。他通过一对一辅导，提高家族企业成员的管理水平，帮助家族企业创始人及其继任者建立内部冲突的预防及解决机制，并协助他们完成家族企业继承的平稳过渡。

同时，他还常年为公司领导者提供在谈判、冲突解决和管理方面的个别培训。他是比利时和荷兰官方认证的职业冲突调解员，并有针对不同领域（金融、工业制造、食品和快速消费品等）的家族企业内部矛盾进行调解的数量众多的成功案例。

马丁教授网页：

https：//ppw.kuleuven.be/o2l/english/staff-o2l/00055521

http：//www.greenille.eu/en/team-members/martin-euwema/

主要著作：

叶冉博士简介

叶冉博士（Michelle Ye）于 1999 年毕业于中国政法大学，获法学学士学位。她在 2004 年获得比利时鲁汶大学政治学硕士学位，并于 2014 年在比利时鲁汶大学获得组织心理学博士学位。

叶冉博士同时还是一位资深的人力资源管理专业人士。她在人力资源招聘、培训、绩效评估、吸引和留任人才，以及处理员工关系方面都有多年的工作管理经验。

叶冉博士曾在中西方不同文化背景下的多个跨国企业工作。她曾服务于不同行业（培训和教育、快速消费品、IT、电信、传媒及广告业）具有不同的公司规模或在不同的发展阶段的多个企业和组织。她不仅熟悉企业人力资源的运作，而且拥有市场、销售及运营等多领域/业务方向的工作和管理经验。

基于她的专业经验，叶冉博士的学术研究集中在探索管理辅导（managerial coaching）这一领导行为，并考察一对一的管理辅导行为在组织和团队层面的积极影响。她的研究课题还包括组织的多样性（diversity in organizations）、年轻职员的代际行为区别（generational differences）、创新生态系统（innovation ecosystem）、家族企业（family business）和跨文化背景下的学术研究。一方面，她的学术研究活动为她提供了深厚的理论基础以指导她的工作实践；另一方面，她所拥有的实际工作经验又丰富和引领了她的学术研究领域和方向。

在攻读博士期间，叶冉博士作为主要协调人，其跨校科研项目曾多次获得校际科研基金（China Fund）的资助。在刚刚结束的清华大学的博士后研究期间，她的课题又获得了国家博士后科研基金一等奖。叶冉博士还是多份高水平国际学术期刊和国际学术会议的审稿人，已发表期刊和会议论文 10 余篇。目前，叶冉博士在比利时鲁汶大学组织心理学与专业教育研究中心继续她的学术研究。与此同时，她还担任比利时某广告公司的大客户经理。叶冉博士是鲁汶联合管理中心的资深研究员。

叶冉博士网页：

https：//ppw.kuleuven.be/o2l/english/staff-o2l/00064556

https：//www.linkedin.com/in/michelle-ye-5115524

裴蓉教授简介

裴蓉教授，1962 年生，祖籍江苏常州。1983 年毕业于中国石油大学，获哲学学士学位；1992 年在中山大学获得哲学硕士学位；1999 年在中国人民大学社会学系（社会心理学专业）获得法学博士学位。1999 年至今，任职于北京理工大学管理与经济学院，市场营销系教授，创办北京理工大学中外家族企业联合研究中心，任研究中心主任。她的职业经历丰富，先后在多家企业担任过高层管理的职位。

裴蓉教授是国际家族企业学会（IFERA）的资深会员，也是 2017 年 IFERA@Taiwan 区域论坛的组织委员会成员；她是"中国 2015 年家族企业创业发展国际会议"联合主席，"IFERA@CHINA 2010 年家族企业发展机遇与挑战国际会议"联合主席，2009 年"创业与家族企业可持续发展研讨会"大会主席；从 2013 年至今为全国经管院校工业技术学研究会沟通与谈判委员会特聘专家，是 2006—2010 年国家留学基金委评审专家，是 2010 年国家 MBA 教指委百篇优秀教学案例评审专家；2005 年至今为国家教委学术论文专家库论文评审专家。

裴蓉教授早期的研究兴趣主要集中在企业发展战略与营销管理、管理沟通、社会网络及"关系"研究方面。从 2008 年至今，研究兴趣聚焦于创业与家族企业、中小企业研究。迄今为止，她已经在国内外重要期刊发表了几十篇论文；她也积极参加国内外专业学术会议，作为全国 MBA 管理沟通教学研讨会的资深组织协调人，已在会议上发表多篇论文及教学研究成果；在国际会议 IFERA 年会上，已有十多篇论文在国际会议上宣读；出版著作、译著以及参与合著部分章节写作的出版物共有十多部；主持或参与多项国家级科研项目。2011 年，她与王勇教授合作的研究课题"中英家族企业动态能力比较"获得 Ernst & Young and IFERA 研究基金。

　　裴蓉教授具有开放的教育理念和生动活泼的课堂教学艺术，教学经验丰富。她在北京理工大学讲授的课程主要有《管理沟通》《市场研究实务》《现代营销专题》《市场调查与预测》《品牌管理》等；目前主要讲授《管理沟通》《创业与家族企业管理》《营销管理创新前沿》等课程。她是北京理工大学管理与经济学院EMBA、MBA、MPA、PMP 等专业硕士及 EDP 高管培训的重要课程《管理沟通》的讲授专家，2015 年获得北京理工大学第八届顺江 MBA 奖教金优秀教师，她也是"青年创业基金创业教育实践基地"北理工《创业教育课程》的指导教授。

　　裴蓉教授不仅专注于学术研究，还积极投入社会服务。先后担任多家企业的咨询顾问和培训顾问。为中国电信、中国网通、广东电力、国家电网培训中心、北京城市管理委员会培训中心、苏州金龙、正大天晴等多家企业或部门提供专门的内训或管理咨询，也曾受工信部、工商联、中职协等部门和机构的邀请，为家族企业创始人、接班人、职业经理人等讲授家族企业传承与管理课程。她还成功策划过一些具体项目，曾多次被培训单位誉为"金牌教授"。近年从事创业与家族企业、中小企业研究以来，她积极参与企业实践活动。2015 年至今，她是中国民营经济研究会家族企业委员会特聘学术顾问；2014 年至今，她是《家族企业》期刊特聘学术专家、《家族企业》期刊女性专栏作者、中国家族企业传承研究联盟的研究员、家族企业研究基金会合作学者、《家族企业》杂志会员俱乐部顾问；2010—2014 年，她受聘南开大学现代管理研究所（民营经济研究中心）特约高级研究员等；与此同时，她还担任河北大午传承管理咨询公司高级顾问、浙江同君商学院 & 同君私董会的智库专家、江南私董会的私董、北京中天创域投资咨询有限公司资深专家、北京网学时代教育科技有限公司私人教练等。

　　http://sme.bit.edu.cn/zw/szdw/jxzy/scyx/6232.htm

　　http://sme.bit.edu.cn/Home/enszdw/enjxzy/enscyx/7907.htm

前　言

　　既然是热点所及，大众媒体就自然会频繁地谈论这代职场新人，以及他们所提出的新要求和新期望。其中的主流结论恐怕是，如今的年轻人与以往的年轻人都不同。然而有意思的是，被传媒和趋势观察家所总结出来的那些"新变化""新趋势"，仔细一看却往往互相矛盾。比如有的说如今的年轻人不愿意获得指导，而有的又断言他们急需获得指导；有的说年轻人不想被约束，而另一些人则说他们只是不想被打扰地专注地完成自己眼前的工作；有的说他们很有野心；有的却说他们对自己的未来和职业发展其实考虑得很少；有的说他们更注重自我的提升，而马上就又有结论说他们对帮助别人和回报社会都非常重视。

　　不仅是新职员就业，如今职场的另一讨论热点是推迟在职人员的退休年龄，即年长的员工将很可能会有更长的时间继续留在组织里。几代人一起工作并服务于同一工作目标的景象，恐怕将越来越常见。为了达到企业的最佳业绩，员工们必须协同作战。这给管理者带来了巨大挑战：如何领导这样一个多元化的群体？如何构建一个让年轻员工和年长员工都感觉自在，并愿意为之做出贡献的团队？

　　具体而言，在第一章中，我们会讨论如今年轻人的工作价值观是否真的与以往不同；第二章会列出那些更符合职场年轻人需求的管理方式；第三章我们则对职场中新一代管理者的管理风格及其他方面做一些探讨。最后一章则主要致力于探索当今的企业以何种方式吸引和留住企业所需要的人才。换句话说，是否真有必要针对职场年轻员工的需求和愿望，制定专门的政策？

　　本书的写作结合了对当今职场热点问题的探讨。我们的目标是把我们从职场上收集而来的数据，基于已有的研究结论和我们团队主持访谈收获的信息和问题，在书中为大家整合起来，集中探讨。在这本双面书的中间部分，我们安排了

"主要参与研究单位介绍"这一内容。作为本书的作者，我们由衷地期待广大读者与我们针对相关研究课题进行交流。

Jana Deprez 博士

Martin Euwema 教授

叶冉　博士

裴蓉　教授

2017 年 2 月

致　谢

　　我们感谢比利时鲁汶大学（University of Leuven）、清华大学、北京理工大学的相关研究团队，荷兰合益集团（Hay Group），思腾教育集团（Schouten& Nelissen），以及 Gak 机构的支持。这些机构和组织的帮助我们开展和调动各项资源，最终圆满实现了我们最初的研究构想。

　　我们还要感谢 Boudien Krol 博士、Teun Jaspers 教授以及清华大学吴金希教授对本项目提出的宝贵意见。

　　本书中，英文部分的手稿由比利时鲁汶大学心理学系博士研究生张晓蕾协助翻译。作者在此特致以诚挚谢意。

　　非常感谢 Gak 学院的工作人员。他们的协助，使我们能够开展并实施本研究课题，可以说他们的支持确保了本研究能最终取得成果。我们特别感谢 Boudien Krol 和 Teun Jaspers 反馈宝贵意见。我们还要感谢参与这个研究项目的其他人员，首先是帮助我们完成调查问卷并参与焦点小组的热心企业和参与者，他们确保了我们有大量有意义的实践经验与读者分享。其次，我们感谢 Schouten & Nelissen 的培训人员为我们组织了那些令人兴奋的焦点小组会议。再次，我们还要感谢在这个项目中帮助我们的其他同事和学生：Noor、Rosanne、Evelyn、Marc、Tijs、Emile、Hein、Alder、Eva、Jacqueline、Brigit、Sheila、Louise、Marie、Gery、Meriem、Jolke、Josine、Annemieke、Cennet 和 Geert-Jan。最后，非常感谢那些帮助我们使用数据库的同事们。

　　本书的部分研究工作得到了比利时鲁汶大学与清华大学校际科研合作基金（China Fund, Tsinghua-Leuven, ISP-China, Project code: 3H150182）的支持。

　　本书的出版得到了中国博士后科学基金(资助编号 #2016M590109)项目的资助。

目　录

第 1 章

关于职场新生代的公理和谬论

1. 职场新生代：我们在谈论什么

对于现在活跃在职场的新生代，人们有着各种各样的印象。有人说，新一代的年轻员工只认定那些对他们有用的东西；也有人评价，这些年轻人对"忠诚"一词的理解跟我们以往的不同；还有人说，他们之所以会表现出这样那样的不同，主要是因为他们会先想到如何有利于自己的个人发展，并刻意回避其他那些与之相冲突的利益选择。

如果一定要将人们的意见做个总结，本书的作者认为：**职场新生代群体彼此间的差异性多过相似性**。那么，这代人的差异性是否与当前的时代精神有关呢？还是，**这都仅仅是因为他们还正年轻**？

如今，20 世纪 80 年代后期到 90 年代初期出生的年轻人成了职场尖兵。大众媒体普遍认为这些年轻人对工作的要求和对领导的期望，都较之他们的前辈有着非常大的不同。因此，他们通常会指出如今的年轻人与以往的几代人有什么区别。曾有学者总结新一代年轻人的特点：要求高度的自主、有个性，重视社交媒体，非常清楚自己想要什么，尤其是非常清楚自己不想要什么[①]。

但这些看法都是符合实际的吗？如今的年轻人对待工作的态度真的与以往的

---

① Spangenberg, F., & Lampert, M.（2011）. De grenzeloze generatie en de onstuitbare opmars van de B.V. IK. Amsterdam：Nieuw Amsterdam.

年轻人如此的不同？有没有可能，其实只是那数十年如一日的职场两大影响因素：**年龄和经验在左右着他们的行为**？

　　"至少我本人没有看出来有什么大的不同。我觉得我们公司里不同年代出生的员工之间的行为模式和精神面貌没有太大的差异。人们都说年轻的同事比年长的更喜欢挑战，但我相信这就是年轻人的一种精神面貌。本来他们的生活和工作的节奏就都更快，那就当然更能消化吸收新鲜的事物和挑战。尤其在我观察我身边20~50岁的同事们时，我发现其实每个人在自己的领域期待着新的挑战，只不过是期待的程度有所不同而已。这只是个体的问题，我认为这涉及了人生阶段。大部分的人在他们20多岁时比在50多岁时更有野心。当然也有的人到了50多岁，还能跟他20多岁时一样愤世嫉俗。另外，跟公司的文化也有关。企业文化的开放性，员工之间的关系如何，都会对员工的创新行为和冒险行为产生影响。"

——司凯，员工主管，40岁

　　为了更好地理解"一代人"（generation，后文选用"世代"的译法）这个概念对员工行为的影响力，或者判断年轻人所体现的这些差异是否能用"人生阶段"来更好地解释，我们在本章中会回顾一下历史。

　　首先，我们简要介绍"世代"和"人生阶段"的背景知识，然后比较从20世纪50年代以来关于年轻人工作价值观的学术研究结论。我们与许多管理者和人力资源经理讨论了以下两个问题：

　　① 你们组织中的年轻人有什么样的特点？

　　② 这些年轻人与以往的年轻人究竟有什么不同？

　　通过上面的研究方法，我们试着打破近几十年来对这些问题的研究惯性，并针对当今职场新生代的行为特点提出我们自己的想法和判断。

（1）世代

　　世代（Generations）这个概念背后的核心理念是：人们的部分特点是由当时所处的社会形态和发生在童年的历史事件所塑造的。这种"成长经历"将在我们的余生里作为我们做决定时的参照系，并对我们的思维和行为模式产生深远的影响。学者们[1]为"世代"做出了相当不错但却稍微有点长的定义："一群年龄相近、拥有着类似的经历、有着同样的故事可讲述的人们，可称为同一代人。因为他们拥有相同的过去，他们会发展出一个特定的世代意识（a specific generation awareness）。这种意识在很大程度上会因为他们共同的经历而对这一世代的人产生强烈的影响。影响的体现不只是局限在对一些当年的有历史积淀的故事和影像的回顾上，而是会使这一世代的人拥有特定且持续的行为模式及社会形态。这些已形成的行为模式和社会形态，并不容易受社会和文化中新出现的变化的影响，因为那是在这一世代的人已经长大成人后才发生的变化。"

（2）人生阶段与职业阶段

除了受到我们成长的时代的影响，我们对工作的态度和想法也取决于我们目前所处的人生阶段。人生阶段模型假定人的一生会经历不同的阶段，这些阶段的核心都是围绕着一些具有挑战性的"关键事件"而展开的。典型的例子是和伴侣组成家庭、看顾成长中的孩子或已经垂垂老矣的父母。

除了人生阶段，我们还有一个职业阶段。这两个阶段都不必与我们的年龄挂钩。相信会有越来越多的人跟本书的作者一样，会在职业生涯的中途放弃原本的轨道，而转换到一个全新的职业旅程，重新开始一个新的职业阶段。

"我发现我现在比刚开始工作时更加独立了。例如我以前经常会去一遍遍地跟不同的人问同样的问题，才敢最终确认答案。但后来发现，我费时费力问的那些问题，其中并不包括真正我该关心的关键的问题。原因很简单，那是因为当时的我并不完全了解问题背后所涵盖的范畴到底有多大，背景知识到底有多少。现在呢，我可以提出更好的问题了，因为我能更好地预估和判断哪些才是重要的问题以及他们可能

---

[1]　Van Doorn, J. (2002). Gevangen in de tijd. Over generaties en hun geschiedenis. Amsterdam: Boom: Van den Broek, A., Bronneman, R., & Commander, V. (2010). Wisseling van de wacht. Den Haag: sociaal en cultureel Planbureau.

产生的影响。我认为无法提出关键性问题的这个缺点，只是我人生阶段或者职场阶段的一个短暂的过程而已。这并不是特定存在于"××后"出生的人的身上的问题。"

——安妮，人力资源经理，43 岁

我们都会陆续从青年阶段步入成年阶段，最终慢慢接近人生的终点——老年阶段。从一般意义上讲，这些人生阶段的顺序与职业阶段中的学习、工作和退休的线性顺序是相匹配的。而现如今，由于人们对工作、职业发展以及工作与生活的平衡的看法发生了根本的变化，**人们的职业阶段变得更具灵活性**。换句话说，**职业生涯阶段不再是一条单行道，而是可以被人们多次地、反复地、可体验不同入口的一条超级职业发展道路**[①]，如下表所示。

职业生涯阶段

职业阶段	特 征
探索阶段	探索个人的兴趣和能力、个人与组织的匹配度，识别自我的职业形象
黏合阶段	扩大与自己目前职业道路的关联性，深化职业能力的发展
维持阶段	维持职业能力和专长
退出阶段	打造一个不再由事业是否成功决定的新的个人形象

因为我们假定大多数年轻人一般都处于探索阶段，所以本书的主要内容会集中对这一阶段进行讨论。探索阶段的主要特征是，尝试新的事物并发现自我的品质和盲点。年轻的职场新人由于职业经验有限，往往会更积极主动地去学习[②]，以弥补他们经验上的不足。

■ 2. 回到过去

我们通过查询科学文献系统中的数据，搜索到自 20 世纪 50 年代开始，关于"职

---

① Ornstein, S., Cron, W. L., & Slocum, J.W.（1989）. Lifestage vs. career stage: A comparative test of the theories of Levinson and Super. Journal of Organizational Behavior, 10, 117–133.

② Finegold, D., Mohrman, S., & Spreitzer, G. M.（2002）. Age effects on the predictors of technical workers' commitment and willingness to turnover. Journal of Organizational Behavior, 23, 655–674.

场上的世代影响（generations in the workplace）"的 60 多篇研究论文，只有 7 篇发表于 2000 年以前，余下 50 多篇皆发表于 2000 年后，而其中的 40 多篇论文其研究都是在最近五年内产生的 ①。这清晰地表明，近年来学术界对世代的研究兴趣正在显著提高。当我们仔细地阅读这些论文时，我们遇到了两大研究问题：世代的定义是什么？如何科学地考察不同世代之间的代际差异（generational differences）？

延伸阅读：

是什么决定了一代人的划分边界

研究代际差异的学者们一致认为，**同一代人都经历了相同的社会发展中的重大事件，这使得他们具有一个共同的集体记忆。**然而关于到底哪些才是重大事件或关键事件，学术界其实还存在着很多争议。因此，学者们对该使用哪些确切的出生年份，来在不同的国家划分出不同的世代，还持有相当多的不同的意见。

由于这种分歧，不同世代之间的边界并不是绝对的，而是"锯齿状"的。下图展示了不同学者对世代间的边界的不同描绘。显然这里非常需要一个明确的分组标准。由于每个学者在他们的研究中都会采用自己对世代的定义，这就使得不同世代的比较研究失去了基础。在本书中，我们很遗憾，无法精确地比对这些学者的观点和结论，因为我们无法确定这些学者做出的结论，究竟是不是基于对同一群人的研究。

为了能在一定程度上完成我们的比较研究，我们首先根据这些论文发表的时间来确定文献里的研究对象（员工）的出生年份（发表日期－文献里记录的年龄＝实际出生年份）。随后，我们基于学者们最普遍接受的世代划分法将这些研究对象（员工）进行了重新分组：第一组为出生于 1945 年到 1960 年之间的员工，第二组为出生于 1961 年到 1980 年之间的员工，第三组为"80 后"和部分"90 后"员工。我们对这三代人分别步入职场的时

① 这一部分的研究截至 2015 年。

间进行了比较，并对比了从20世纪50年代到现在关于年轻人的研究结论。

不同世代的开始和结束日期总览① 如下图所示：

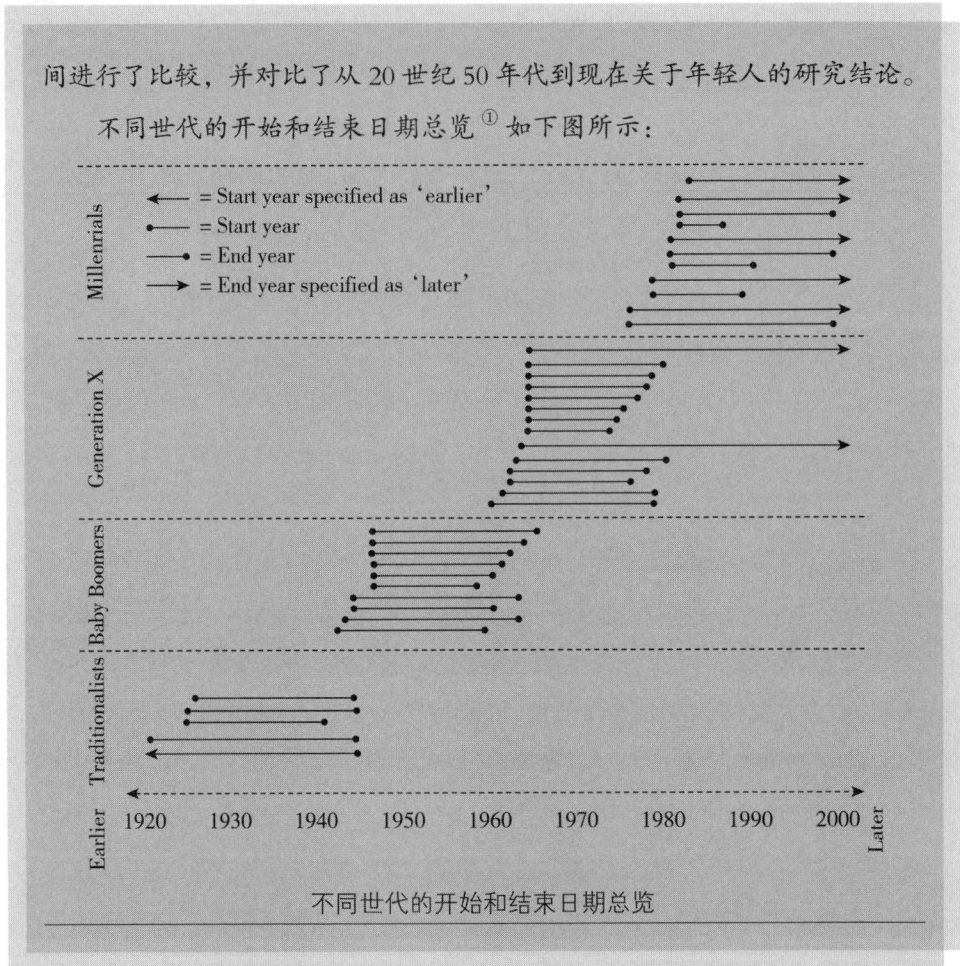

不同世代的开始和结束日期总览

3. 世代之间的差异性和相似性

在有关世代的研究中，学者们提出了五个与工作相关的主题：工作的中心地位、工作与生活的平衡、利他主义、动机和忠诚。后面，我们会对这些主题分别进行解释。这些研究结果来自跨国研究获得的数据。为了更好地对结论进行说明，

① Costanza, D. P., Badger, JM, Fraser, R. L., Severt J.B., and Gade, P.A.（2012）. Generational differences in work related attitudes: A meta-analysis. Journal of Business Psychology, 27, 375-394.

我们使用了在研究中参与者的陈述。为了确保匿名性，参与者的名字均为虚构。

（1）工作的中心地位

相比其他生活领域，工作对你有多重要？我们从大众传媒上得出的印象是：现在的年轻人仍然认为工作很重要，但活得开心似乎比工作更重要。研究证实，工作对人们生活的重要程度和影响力确实正在逐年降低。对于年轻人来说，以工作为中心的观念似乎已经慢慢暗淡了光彩。学者们对此经常给出的解释是，年轻人不再将工作放在中心位置，是因为他们已经看到了自己的父母工作时曾有多么辛苦，他们无意重蹈覆辙。

"在我们工作组里，我看到和我一样年纪的人会加班好几个小时，而年轻人则更喜欢快点完成工作，然后早点回家。他们觉得加班费并不那么重要。他们宁愿早点结束，早点回家。"

——彼特，培训协调员，52 岁

延伸阅读：

你每天要工作几小时

在美国和亚洲，如今的年轻人工作时间更长，而在欧盟国家里，通常并不是这样。由于工会的作用和员工集体协议的出现，欧洲员工受到"反24小时工作的"保护。大多数欧洲人在"标准"的工作时间里工作。这也是欧盟文化价值观的体现。这其中，瑞典最为领先（在瑞典城市哥德堡，"标准"工作小时数是 6 小时 / 天）。近年来，荷兰的平均工时也有下降的趋势。记录显示，在1955年，当时的员工平均一年工作2 207 个小时[1]，而到了2005年，这个数字则下降到1 409 个小时，并且这种下降的趋势仍在继续[2]。

---

[1]　Boeri, T., & Van Ours, J.（2008）. The economics of imperfect labor markets（p. 111）. Princeton, NJ: Princeton University Press.

[2]　Source: European Working Conditions Survey（EWCS）, 2012.

这些发现不仅适用于"80后"。来自上几代的年长的员工也认为，工作对他们的生活来说，已经没那么重要了。一项在荷兰进行的研究显示，在过去的20年中，不论年龄、教育和性别的差异，工作在人们生活里的中心地位都在普遍下降[①]。因而，我们之前看到的每天工作小时数的比较差异，更多的原因恐怕是基于科技与经济的发展，而不是基于代际差异。

（2）工作与生活的平衡

尽管有据可查的工作时间似乎在减少，但人们对在工作与生活之间难以取得平衡的抱怨反倒是越来越多。

"我们的工作与生活上的平衡，那真是一团糟。年轻人很难对一些事情说'不'，所以他们总是弄得自己很忙碌。在我们团队里有相当严重的过度疲劳问题，特别是近些年来，情况变得更糟。与此同时，我也发现了一个反向运动，有的年轻人一开始就会特别注意不接那些劳动强度很大、挑战性很高的工作。有的年轻人则会在吃过了一次亏之后，以后再接任务时就变得更谨慎。我猜，什么样的任务能接，什么样的任务最好推掉，一定是这帮年轻人茶余饭后谈论的热点话题。"

——莫莉，管理人员，43岁

然而，许多管理者和人力资源经理也认为，年轻的专业人员尤其希望在同一时间完成许多活动。这不仅是工作上的，还包括下班之后的活动。通常他们的私人生活和工作时间都安排得非常满，因而更容易在工作时产生压力。而在我们研究中的年轻参与者也提到，他们确实想体验所有的事情，一件也不想错过。而这就是压力产生的源泉。

---

① Hoof, J. van（2006）. Labour Ethos change. J. of Ruysseveldt & J. van Hoof（Eds.）, Labour in Transition（pp. 257–280）（revised edition）. Deventer / Heerlen: Kluwer / Open University; Ester, P., Roman, A., Vinken, H., & Van Dun, L.（2004）. Work values and the transitional labor market. The Netherlands in European and American comparison, OSA publication A204. Tilburg Institute for Labour Research; Wheelers, R.J.J., & Raven, D.（2009）. Decreases in the Netherlands, the work ethic? An alternative explanation of time scarcity. Journal for Labour Affairs, 25, 66–82.

互联网的到来和技术的发展也可以用来解释为什么工作时间减少了，人们对工作和私人生活之间的平衡却表达了更多的不满。以前的员工，一旦下班后，就可以完全将工作抛诸脑后（除非你正带着一大堆工作文件，准备回家处理）。而现在，由于智能手机和互联网的普及，工作已经变得无处不在。

"私人时间和工作时间的界限显然变得模糊了。你可以一整天都工作，无论是早上还是晚上，哪怕是在上厕所的时候。只要有移动设备在身边，无论工作在什么时间，无论工作到什么时间，这些好像都没关系。"

——博纳，人力资源经理，44 岁

以前，在工作设计中已经为员工考虑了工作与生活的平衡。那时的职场新人，和其他的员工一样，对于公司允许自己选择在家办公、对于可以在家使用笔记本电脑和智能手机工作，并因此可以有更灵活的休假方案等，都曾经有一段时间感到非常兴奋。

而如今，当以上这些选择似乎已成为工作初始就已经存在的"标准设置"时，员工们讨论的更多的却变成：**保持自己"随时随地"都能"在线"的工作状态，是不是已经引发了比以往更为严重的工作与生活的失衡？**

（3）利他主义——你会为别人投入精力吗

研究中出现的第 3 个主题是利他主义。利他主义是指帮助他人做一些暂时看来对自己并没有直接好处的事（如志愿工作）。人们通常深信，随着社会物质资源的越来越丰富，现在的年轻人已不必像他们的前辈那样为提高自己的生活质量而努力奋斗。不少管理人员和人力资源经理将"更重视自己的社会责任"，看作是当代年轻员工的特征。

"他们真的想看到自己不仅仅是为了组织的效益或单纯的营业额在工作。而令人遗憾的现实是，他们首先必须为老板工作，而不是为了创造一个更好的世界而工作。"

——马睿思，律所招聘主管，41 岁

很多组织通过制定"企业社会责任（CSR）"的举措来回应年轻员工的这一需求。越来越多的企业宣布它将承担与保护环境、提高员工福利和增进社会福祉相关的责任，如宣布回收使用过的产品，保护环境，减少浪费，或者向社会捐赠或回馈些什么。在这类项目举措中，员工可以在自己的工作时间里，在自己工作的岗位上，参与企业承担社会责任的公益活动，以自己雇主的名义，实现自己的社会责任。

这里需要说明的是，关于年轻人更具有利他主义精神的假设，其实并没有获得学术研究的证实。学者们认为，企业将志愿工作看作是年轻人的一种经验来源。人力资源经理可以据此评估求职者的社会关注程度，以及求职者与本公司岗位的匹配程度。此外，年轻人自己也常常认为，志愿服务是促进工作和生活体验的绝佳方式。正因为这个原因，他们更希望且愿意在求职简历上提及自己曾经参与过的志愿工作。企业将此现象理解为"年轻人想在工作中做些志愿服务"，以及"年轻人更容易被有社会责任的公司所吸引"。于是，企业会进一步扩大自己承担社会责任的深度和广度，而年轻人则用简历上这些志愿工作的经验，来展示他们适合加入这个能做出承诺的公司。

（4）动机——是什么让你选择了这份工作

研究文献中出现的第 4 个主题引入了心理学的概念：内在动机（Intrinsic motivation）与外在激励（Extrinsic motivation）。

"一个人要么是为了游戏本身而玩游戏，要么是为了获得奖励。" 这里的"游戏本身"是指内在动机，而"奖励"则说的是外在激励。

内在动机在这里指员工是完全为了自己着想而履行任务。被内在动机驱动而工作的员工，倾向于把工作视为有趣味和有意义的智力挑战。内在动机使得员工在做他们的工作时感到兴致盎然，并且更容易产生具有创造性的想法。

而外在激励是指员工为了获得外在的物质奖励，特别是以业绩为基础的物质奖励而完成任务。这些物质奖励可以包括更好的工作条件、加薪、培训机会、事业机会、地位和竞争力等。被外在激励驱动的员工参与一个项目可能是因为他知道有奖金，而不像被内在动机驱动的那些员工是基于对项目本身的工作内容感兴趣。

"年轻人想从他们的工作中挖掘出更多的东西。他们想了解一切。钱是个好东西，年轻人不会认为工资不重要，但它并不是刺激因素。对他们来说，挑战性的工作和满意度才是最重要的。"

——弗兰克，IT 经理，41 岁

"在面试中，求职者总是会要求其他的额外福利，还会要求那些看起来似乎能够帮他们晋升职位的培训机会。他们还迫切地想知道，自己究竟能在组织里得到怎样的自我发展。"

——伯纳德，金融服务总监，35 岁

那么，如今的年轻员工到底被什么所激励？从工作动机的角度看，他们与他们的前辈有没有不同？

一个被广泛传播的假设是，当代年轻人比前几代年轻人更加被内在动机所驱动。但这是真的吗？学术界经过研究得出的答案却是：很遗憾，我们还不能证明这是真的。虽然没有确证说明如今的年轻人在工作中并没有更多或更少被内在动机所驱动，然而他们对自己的工作却真的比以往几代年轻人更满意。

然而，对工作更满意这个现象也不仅适用于年轻人。在西方，对员工满意度的调查结论说明，就所有员工总体的评估而言，似乎都表现出比以前更高的工作满意度。就如同我们之前看到的工作小时数的变化和现在体现在员工满意度上的变化相同，背后的推动力量更多是由于社会的发展，而不是基于代际差异。

那么如今的年轻人是否比以往几代年轻人更强烈地被工作地位和工作条件等外在因素所激励呢？几乎没有找到什么证据来支持这种说法。20 多年来，职场新人一直会被一份工作所承诺提供的培训和成长机会所吸引。从这个角度来说，我们很容易理解，为什么如今的年轻专业人员都愿意到提供培训和成长机会的机构中工作。但是，即使他们有机会进入这样的公司或组织，年轻员工入职的前两年，也主要是在学习如何获取基本的工作经验，以及如何与他人合作相处。

（5）忠诚度——你有多忠实于自己的工作和组织

"很打击我的一个现象是，年轻人经常把一份工作看成一个很短的阶段，同时他们又想从中获得很多……这会儿他们还认为这个工作很有趣，但几年后他们可能就想要完全不同的东西。"

——凯润，出版公司管理人员，60 岁

从我们与管理者和人力资源经理的谈话中能够得出一个结论，那就是新一代年轻人对组织的忠诚度较低。

"在我来这儿之前，我已经在 3 个不同的地方工作过。最终我选择了这里，这是我真正喜欢的地方。我在这儿工作了 5 年，我很忠诚，不过这只是因为我在这儿发现了自己一直寻找的挑战。一旦这里的挑战消失，我不知道我还会在这儿能待多久。"

——黛西，造型师，25 岁

近些年来，年轻员工的流失率确实在增加。如果仔细观察社会的发展，我们会发现，如今的年轻人在按照自己的方式生活和工作时，与以往有显著差别。不仅是个人，雇主的情况也在发生着改变。现在的组织更需要"灵活的劳动力"，越来越多的短期合同、临时合同、兼职合同吸引着廉价的职场新人。在 50 年代，就业市场上的新人指望一旦被单位雇用，就盘算着一辈子就一直在这里工作。而现在，情况不同了。

年轻专业人员的事业关注点主要是工作变动、就业能力、持续更新职业技能、终身学习。那么，他们是否与雇主一样喜欢"灵活"的劳动力市场？

的确，在新员工刚开始第一份工作的时候，他们通常对组织的忠诚度较低。他们更想寻找另一个工作，或干脆转换职业。这些年轻人比那些已经工作了一段时间的年长同事更愿意更舍得离开自己的第一个工作岗位。有研究得出结论，毕业不久的员工，更愿意在不同的工作和组织中短期频繁切换，以持续提高他们的就业能力。

■ 4.代际差异、同代差异

"我生于20世纪80年代的后期。我听到人们对'80后'有很多议论，但那些说的都不是我！我无法从中找到自己的影子。我认为我们这代人唯一特别的地方就是，我们是伴随着互联网和手机成长的。"

——岳思，管理人员，IT业，28岁

从我们与受访者的谈话中可以发现，许多年轻人都与岳思一样，不认为自己是典型的"80后""90后"。其实，也的确有部分的学术研究结果表明，以往的年轻人和如今的年轻人之间存在着一些可被观察到的代际差异。但是，基于这一类研究的种种局限，目前还没有哪项研究能做出一个令众人信服的结论。不过，即便现在的年轻人跟以前的年轻人有许多不同，但我们从各种研究中所能看到的更多的却是，时代在变，而年轻人的故事则一直没变。也许，我们可以试着用"80后""90后"这样的词直接替换20年前文献里提到的"年青一代"，也许那些论文中所做的观察仍然能成立。

延伸阅读：

公元前5世纪的人对年轻人的评价

我们找到了更久远的案例，在公元前5世纪，苏格拉底也有一段关于年轻人的谈话，让我们来看看，到底当年智者的评价与我们今天对年轻人的评价有什么不同：

"现如今我们的年轻人有着强烈的物质欲。他们不够礼貌，蔑视权威，也不那么尊重长辈。他们爱八卦，但讨厌学习。他们跟父母顶嘴，在一起时不能保持安静，还净欺负他们的老师。"

同代人的内部差异，可能会比不同世代间的代际差异更为明显。换句话说，"80后""90后"年龄组内部对有关工作的看法的差异性，甚至有可能远大于他们与其他的年龄组之间的代际差异。在荷兰，劳动力市场研究机构的研究人员发现，在2007年至2008年间，只有1/7的年轻人符合"80后"的普遍价值模式（即进取、独立、负责、自由和灵活性[①]）。而从下表中[②]我们可以看出，在调查中，当受访者在回答最看重的工作要素这个问题时，所有年龄组的员工的前5项的选择都出奇一致。

最看重的工作要素

年轻人看重的前10个工作要素（2012年）	所有员工看重的前10个工作要素（2012年）
1. 不错的薪水	1. 不错的薪水
2. 工作氛围	2. 工作氛围
3. 固定有保障的合同	3. 固定有保障的合同
4. 工作地点离家近	4. 工作地点离家近
5. 工作的内容	5. 工作的内容
6. 工作任务的多样性	6. 工作的挑战性
7. 工作的挑战性	7. 工作任务的多样性
8. 发展的可能性/职业道路	8. 任务的独立性
9. 灵活的工作时间	9. 灵活的工作时间
10. 按自己的方式工作的自由	10. 发展/职业生涯上升的可能性

"当我观察这些年新入职的年轻员工时，我发现他们与几年前的年轻人有很大的不同。我认为这有一部分是市场条件的原因。几年前，他们都期望把入职薪水调到每个月至少要赚到某个数字。而现在，他们能在我们这样的公司找到一份工作，就已经很高兴了。"

——布兰德，金融服务总监，35岁

---

① Source：Intelligence Group（2012）. This organization bases its definition of Generation Y in the dictionary of ' recruitment words：www.wervingswoorden.nl.

② 表中的数据为市场研究机构于2012年对荷兰劳动力调研的结果。

研究人员承认，布兰德所谈到的经济形势确实限制了年轻人的工作选择。不过年轻员工在工作观念上的差异似乎与他们的年龄更为相关。

例如，随着员工年龄的增长，他们会更看重内在动机。年长的员工对与工作内容相关的问题更有兴趣，并喜欢用有趣的工作来挑战自己的技能。他们还能够从帮助他人上面，获得工作的成就感。在许多情况下，他们比年轻的同事拥有更多的自主权和工作责任。他们也有更多的机会找到适合自己兴趣和技能的工作。

反之，对外在激励的需求会随着年龄的增长而逐渐降低。特别是人们对培训和晋升机会的重视会随着年龄的增长而大幅下降。同样的，挑战性的工作、与他人的合作、来自领导的认可和工资奖金方面的激励也将随着年龄的增长而下降。**在各个年龄组中保持不变的是对工作中社交的需要，以及对工作保障的需要**[①]。

■ 4. 代际差异视角的魅力

尽管学者们对代际的差异性保持相当的审慎态度，很多人还是习惯用代际差异的思维角度（generation-thinking）来思考和解释事情。这也许是因为代际差异的概念是对人们进行分类的一个诱人的工具，因为在大众的眼中一直盛行着的正是人以"群"分的思考角度。

无论人们所观察到的那些差异是否得到了严谨的科学研究的证实，当人们与其他人相区别，将自己归为某一世代时，就有可能对他们在工作场所构建的彼此之间的关系产生重要的意义。

代际差异思维的一个巨大优势是，它能让我们的世界更有秩序。我们知道自己的位置（我们属于某个特定的群体）；而别人的位置对我们而言，也是近乎透明的[②]。将自己归为某一群体的人，会更有可能认为自己和该群体的其他成员更相似。此外，他们也更容易对在本群体之外的，来自其他群体的成员形成"刻板印

---

① Kooij, D.（2010）. Motivating older employees: the role of age, work-related motives and staff instruments. Magazine for HRM, 4, 37–50.

② 这种现象在社会分类理论（social categorization）中常有提及。社会分类理论认为社会中个体会依据自己的种族、性别与价值观，将自己归纳到某一个群体之中，形成某种刻板印象。

象"①。这些刻板印象的积极作用是，人们能更容易预测他们周围的世界，以及工作和生活在其中的其他人可能采取的反应和行为。这恐怕也是代际差异研究一直存在的一个重要原因。

对于管理者来说，对员工进行分类也是个很有诱惑力的做法（如"小鲜肉""老黄牛""新手""兼职工""年轻妈妈"，等等），每个组都有自己的特点，你可以据此采取相应的互动方式。但这种分类法的风险是，你可能会将某几个员工之间的个体差异都归结于其所在的群组的不同（例如归结为"70 后""80 后"与"90 后"员工的不同）

■ 5. 需要新型领导吗

"我认为他们期待不断的挑战。作为一个管理者，你必须持续地挑战他们、给他们令人兴奋的项目，让他们投入其中。他们想被公司认真对待。在没有能力时，他们希望获得管理辅导；在自己有能力完成任务时，他们希望自己有向公众展示自己工作成绩的机会。他们希望产生一些个人影响力。你问我新的一代与以往几代有什么不同？也许他们需要体会更多的"我们之间是平等的"这一感觉。他们不会因为你是坐在老板位子上的那个人，就乖乖地接受你的领导。"

——罗特，软件公司主管，38 岁

管理人员和人力资源经理发现，他们的年轻员工在权力面前表现得更加自主与自由。他们不再把对权力或权威的尊重看作是理所当然的事。例如，在他们进入公司之前，这些年轻人就已经有能力针对工作条件和工作时间等问题与公司展开谈判。在今天的社会，他们获取参考信息的渠道非常多。他们有更多的机会获取信息。而其中的某些信息，是在旧时代的年轻人，在同样的年纪，从来没想到会有机会得到的。

---

① 刻板印象（Stereotype）：指对某些特定的人/事物的一种概括的、先入为主的、僵化的看法。而这个看法往往产生于对同一类人/事物之中的某一个特定个体给人的印象与观感。刻板印象常常体现为针对性别、外貌和年龄等问题的偏见。

如果职场新生代最看重的工作要素并没有随着代际差异的影响而发生显著的变化，那么，这些新生代的员工是否需要一种新型的领导呢？在后面几个章节中，我们将根据自己的研究结果对此进行讨论。

■ 6. 管理工具箱：代际差异

你对工作场所中的几代人有什么看法？你相信代际差异吗？还是你认为这些差异是由于个人早期的经历造成的？你认为管理年轻员工是一个机遇，还是一个艰巨的任务？请花点时间来回答下表中几个问题。

请算出你的分数，并看看自己对代际差异到底持哪种观点。可以先与你的领导或同事讨论一下，这有助于你更好地了解自己的真实想法和体会。

步骤一：请圈出符合你对以下陈述的同意程度的数字。在这一步，请你忽略问卷右手边的 A 栏和 B 栏。

你眼中的代际差异 分

项　目	非常不同意	不同意	中立	同意	非常同意	A栏	B栏
① 代际差异并不存在，它更多的是年龄或职业成熟度的差异。	5	4	3	2	1		
② 我更多时候考虑的是"年轻"员工和"老资格"员工，而不是哪一"代"的员工。	5	4	3	2	1		
③ 代际差异是解释人与人之间差异的一个重要因素。	1	2	3	4	5		
④ 如果你认为员工的个体差异体现在他们的动机差异上，那么要求所有员工都按着同一条路或者方向走，就是很不妥当的做法。	5	4	3	2	1		
⑤ 年轻的新一代员工和其他的员工能够很好地在工作上互补。	1	2	3	4	5		
⑥ 和我年轻时或者我的父母年轻时相比较，现在的年轻人表现得不一样。	1	2	3	4	5		

续表

项　目	非常不同意	不同意	中立	同意	非常同意	A栏	B栏
⑦ 我的团队 / 部门里的紧张关系与几代人之间的价值观差异有关。	5	4	3	2	1		
⑧ 如果同一团队 / 部门是由来自不同世代的员工们组成，那么这个团队结构对良好的合作和工作氛围都有帮助。	1	2	3	4	5		
					总分		

步骤二：请把你对以上八个陈述的答案填在上表的 A 栏或 B 栏。A 栏或 B 栏的分数都由四个不同问题的分数相加而成。请分别计算出 A 栏或 B 栏的总分，以确定你的最终成绩。每一栏最小值为 4 分，最大值为 20 分。

结果解释：

A 栏显示你在多大程度上会以代际差异的思维或者以个体差异和事业阶段的思维来进行思考：你认为"如今的年轻人"在工作中真的与其他几代人不同吗？还是你认为人与人之间的个体差异的明显程度，其实超越了他们的代际差异的明显程度？

① ＞ 10 分：你把每个员工看作一个独立的个体，他们有各自的要求、发展需求和优势。你认为如今的年轻人与以往没什么太大差别，并能从员工本人独特的影响力来看待他们的需求和期望。年轻的职场新人比其他员工更需要从你这个管理者身上获得一些确认，因为他们还不知道到底该如何做自己的工作。但这对任何一个事业从零起步的人都是如此，跟他们的年龄无关。

② ＜ 10 分：你更相信代际差异的存在，你能确定地看到如今的年轻人与以往的年轻人之间的差异。年轻的职场新人对工作和他们的管理者（你）不断增加着不切实际的期望。不过，你也看到了这代人的优点：他们的创新精神、热情和抱负。无论代际差异是真还是假，都请记住：同一代人内部的差异通常比几代人

之间的差异更大。

B栏表示你在多大程度上认为在你所领导的团队中，员工的年龄差异是产生动荡和紧张局面的主要原因。

① > 10分：团队成员年龄的多样性为团队提供了动力和潜能。控制一群不同年龄段的人可能会非常棘手，但首先你能体验到一些好处！年轻人为团队补充了新鲜血液，他们提出的问题和建议能使其他同事保持敏锐。反过来，他们也可以从老员工以及资历更深的员工那里获得经验借鉴。正是这种不同年龄的多样性，提高了一个团队的敏锐性和绩效水平。

② < 10分：管理一个由不同年龄的员工组成的团队仍然是一件特别困难的事。确实有许多研究表明，领导一个多元化的团队是相当困难的。团队成员彼此之间的差异体现在沟通、冲突、团体构成、利益差异等诸多方面。想象一下，一个年轻的助手告诉一位经验丰富的同事该如何做工作的场面吧。作为管理者，你所面临的挑战是，你必须关注不同员工的特质和喜好，了解如何调动这个团队的每一个成员。这就需要你理解、尊重和开放地对待这种团队的多样性，并在你的部门推行一个大家都认可的标准。

■ 7. 结论

为了薪水而努力工作的理念被许多人看作是有价值、有意义的。然而，年轻人为工作以及他们所看重的事情上投入时间和精力的原因却（部分地）有所改变。按照传统的工作理念，努力工作似乎是一项道德义务（moral obligation），以往的员工非常重视责任感。而现如今，不论是年轻员工还是年长员工，在工作中都存在一种更强烈的"既得权利（vested right）"的个人发展意识。因此，工作的内在方面（工作质量、工作中有意思的部分、工作带来的挑战性、工作中提供的可以让员工自己做决定的机会）变得越来越重要，但这并不代表外在激励（工资、工作条件和晋升机会）的重要性在降低。

近几十年来，工作重塑①正得到越来越多的重视。"有趣的工作 + 良好的薪酬 + 好同事 + 一个富有同情心的领导者"恐怕是每一个员工的"理想工作场景"。而近些年来，员工们其实还在不断地丰富着"理想工作场景"——"最新被放进去的内容是良好的设施 + 工作与生活的平衡"。

我们认为，年龄和职业阶段（而非代际差异）是评价工作态度的更好指标。

---

① 工作重塑（Job crafting）亦称工作塑造或职务塑造。它的基本意思是员工可以通过延伸自己的工作期望或职务内容，重新定义自己的工作和职务角色，从而让工作不只是工作，任务也不只是任务。工作重塑是从员工角度进行的自下而上的工作再设计方式。它突破了从组织角度进行的自上而下的工作与任务布置的方式。在此过程中，员工寻求改变的主动性得到了强调。

第 **2** 章

如何管理职场新生代

"我们公司的很多年轻人都想尽快承担责任。有些人甚至会直接向我提出这样的要求。但同时，我也发现他们更需要在工作中得到引领。他们需要足够的个人关注和及时的反馈意见。他们也想真正弄明白为什么一件事情只能用某种既定的方式去做。他们会就这点向我发出挑战，而不是满足于我提出的仅仅一个具体的例子。似乎每个年轻人都希望获得比别人更多的个人关注和指导。我做过很多场有关领导力的培训。我发现其中有些领导能够很好地管理自己的年轻员工。但我也不能确定这些领导与其他做得不好的领导的区别。"

——葛玛，培训师 / 咨询顾问，53 岁

在本书的前言中，我们看到很多人对于公司或组织中的年轻人的印象和态度比较负面和消极。大家认为年轻人更难以管理，且他们与直接领导的关系可能处理得并不好。从这个看法中很容易得出的结论是，年轻员工不像年长员工那么欣赏和尊敬自己的领导。在本章中，我们将首先讨论年轻人对领导者的期望；然后看看他们对自己的领导的评价是否与年长同事不一样；最后，我们来探讨一下什么样的领导风格对年轻人更有激励和促进作用。

■ 1. 职场新生代对他们的管理者的期望

为了得到这个问题的答案，我们通过问卷调查的方式询问了员工对他们领导的期望。我们把 30 岁以下的"年轻人组"与其他两个年龄组（30~50 岁，以及

50 岁以上年龄组）进行了对比。

（1）30 岁以下的年轻人对领导的期望

其实所有年龄层的受访员工对其领导的首要期望都是：**辅导他们，并支持他们的工作**。但是，来自年轻受访者的回答则是"特别希望"自己的领导能激励他们工作，并鼓励他们做最好的自己。这符合以往的研究结果，即工作中来自领导的支持能够加强员工对自我能力的信心。此外，我们的研究结果表明，年轻人确实会主动要求自己的主管对他们进行指导、规范和明确计划。这与人们对年轻员工的一些看法是一致的。他们希望通过自己主动（而不是简单地听从指挥）去寻找方法取得成绩。

其次，所有年龄层的员工都认为信任、开放、诚实和正直是一个领导重要的优秀特质。这表明，如今的职场新生代员工在对领导的基本特质的认同上，与往日的员工并无二致。信任和诚实是有效管理的要件。如果缺少信任和诚实，员工就不太愿意更多地参与工作。

员工还期望能从领导那里获得与工作任务相关的建议。这对于管理人员意味着，单单有能力提供一个良好的工作氛围和管理过程是不够的，他们还必须能够控制和监管工作的质量，在必要的时候提供有效的帮助。30 岁以下的年轻员工提得最多的是，希望领导能对他们在工作中的个人表现也提供反馈意见。年轻的员工确实处在其职业生涯的起步阶段，通常他们都非常热衷于个人发展，包括学习如何处理工作中所面临的各种挑战。想要学习，获得反馈意见是一个强大而必要的手段。

年轻员工也希望领导倾听他们、对他们的工作感兴趣，并能对他们展现同情心。这与"管理'人'的经理"（people manager）[①]这一形象非常吻合。

除了对个人发展的重视，年轻员工也期待他们的领导能照顾同事间的良好合作和积极的工作氛围。正如我们在第一章中所看到的，一个良好的、愉快的

---

① 相对于对"任务"进行管理的经理（working manager）。关于管理"人"的经理（people manager）这一点，会在下一章节有更详细的讨论。

工作氛围和同事关系对每个人都很重要，这源于人们强烈的归属感需求。我们从研究结果中看到，30 岁以下的年轻人对这方面的重视程度稍微高于"30~50岁组"和"50 岁以上年龄组"。这也比较好理解，毕竟，当年轻人刚刚来到一个新组织时，愉快的工作氛围能让他们感觉更自在，更快地融入进来。而良好的同事关系，则让他们相信自己有很多学习的机会，并能为组织做出有意义和有价值的贡献。

（2）30~50 岁的员工对领导的期望

30~50 岁的员工相比更年轻的员工，更希望从主管那里获得足够多的信息。他们期待领导能明确地表达任务的前景、困难、要求和可能的挑战。他们希望领导们能果断地做决定，并对未来有一个愿景。乍看起来，这一年龄组似乎有一个与工作任务紧密相关的关注重点，并希望领导能就此对他们进行管理。而另一方面，这群人恰恰正处于初级到高级领导者的位置上。因此可能他们更忙于作为管理者的自我发展，同时也更加关注将组织的目标清楚明确地上传下达。

（3）50 岁以上的员工对领导的期望

除了以上提到的各个年龄组对领导的期望之外，50 岁以上的员工对领导的期望反倒最不明确。和年轻组一样，他们大多也希望领导能倾听自己、对自己的工作感兴趣，并能显示出关心。像其他所有受访者一样，他们也认为领导的指导和建议非常重要。然而，对于老员工来说，这里的指导是指维持技能而非提升技能。正如我们在第一章所讲的，老员工尤其重视工作中能否运用自己的技能、能否帮助他人。他们还关心他们在工作中究竟有多大的工作自主性。这个年龄组的受访者大多数都比其他两个年龄组的受访者获得了更多的事业和工作方面的自主权。他们中的一部分人已经实现了自己在刚入职场时的抱负。从这个意义上来说，他们会较少地依赖领导来帮助自己执行工作。因此，即使他们对领导的期望并不明确，其中原因也很容易让人理解。

■ 2. 年轻人还有话要说

上述发现显然说明不同年龄组的员工对领导抱有一些相同的期望。每个人都希望得到领导对员工个人的支持。年轻员工不同于年长员工，他们的关注点更多集中在在工作中有更多的学习机会。同时，他们还很期待良好的工作氛围。为了更好地了解年轻人对领导的期望以及他们在什么情况下会接受领导，我们与一些年轻员工开展了对话。我们在几家公司的不同部门中组织了讨论会，为了清楚起见，我们将这些讨论的结果分为了几个不同的主题，并引用了这些年轻人在访谈中的一些陈述，我们先来讨论这些期望。而在下一章里，我们将解答领导该如何有效地对这些期望作出回应。

(1) 我要在清晰的框架内寻求自由

"我喜欢享有自由。我希望我有能力去影响和控制一些事情。当我自己成功地完成一件任务时，我好像被充了电一样，获得了新的能量。通常我都能做成功，所以我也得到了一些自由。有时我有太多的自由了，让我甚至怀疑我的领导是否还参与其中？而有时又突然有很多条条框框的限制，让我感觉自己做工作做得很不自在。一下这样、一下那样，我都很难评判自己到底是否有工作上的自由。"

——马尧，人力资源专员，29 岁

一些学者认为，年轻人希望主动承担越来越多的责任，因而也就越来越不愿意在组织里表现得唯唯诺诺、循规蹈矩[①]。参与我们访谈的年轻人确实认为，自己可以决定相当部分的工作内容，并承担相应的责任，这对他们而言是非常重要的。在事业的起步阶段，他们普遍需要积累经验，去发现一些事情的原理（请参见第一章中职业阶段模型的探索阶段）。

然而，完全的自由也不是一件愉快的事，它会导致职责和期望的混乱。30

---

① Kessels，J.W.M.（2001）. Youth must feel like getting smart. Foundation Industrial Circle Twente（www. ikt.nl）.

岁以下的年轻人对组织内的"界限"是有需要和要求的；而对"完全的自主"有需求的，则主要是50岁以上的员工。与之相应的，在项目和任务的截止时间、对工作成果的具体期望及明确的职责分工等方面，年轻员工需要知道他们的回旋余地有多大。但是，和谁在一起工作、在哪里工作、何时工作等问题，他们又更喜欢可以由自己来决定。总之，年轻员工要求的是在限度以内的"适当"自主。而这些限制最好是双方之前共同商定的，而不是那些被简单地强加给他们的，来自领导单方面的意愿。

（2）我要在组织中找到我的位置和我的工作方式

"我是个新来的，完全不了解这里的工作情况。一开始我真的缺少领导的支持和指导。"

——睇睇，化妆品销售员，26岁

当睇睇刚开始工作时，她感到自己并没有获得上司的支持。领导和员工之间保证有一定的接触机会是很重要的。职场新人需要有上司的支持，才能更容易地在组织中找到自己的位置和适合他们的工作方式。当然，如果他们需要有关如何执行某项具体任务的实际建议，他们还可以去找身边的同事寻求帮助。年轻员工特别感谢领导引领他们学习和认识组织内部的一些通常做法，这样他们就能了解组织的"工作原理"，以及该去哪里获得必要的信息或支持。

（3）我要求得到管理辅导

"我喜欢领导那种辅导式的管理风格。例如，如果我遇到一个问题并向她提出了一个可能的解决方案，我并不介意她不同意我的观点。因为我喜欢她帮助我一起思考，找到好的方案。她从来不会只说"不行"，而不给任何理由。假如那样的话，我还是会被问题困住的。"

——马丁，设施管理员，28岁

从员工的角度来看，通过管理辅导（managerial coaching），员工可以与领导确认工作目标，承诺达成既定的目标，及时报告工作的进展和遇到的障碍[①]。

此外，年轻人还认为，当出现问题时，他们可以联系他们的主管，从而获得帮助和建议。在这种情况下，领导并不需要直接给员工提供一个最终的解决方案。年轻员工首先特别需要获得鼓励，从而进一步思考问题。下属不期待得到管理辅导的最常见的原因是，他们认为可能不会从中获益，他们认为领导是个对辅导别人不感兴趣的人。如果管理者太专注于细节和效率，总是直接为员工"开处方"，这会使员工开始怀疑，到底自己是被领导"辅导着"（员工仍然拥有可以独立决定一些事情的自由），还是直接被"命令着"（员工没有可以独立决定事情的自由）。

（4）给我个人一些关注和承诺

"我已经在这里工作10个月了。通常每周都应该有一次工作进度会议。但实际召开会议的次数少之又少。我们根本就没时间每周开例会。部门的业绩压力太大了，经常有人因为赶时间而不得不中途离会。这样的情况多了，后来也就没有每周的例会了。我很想念当初开例会时能感受到的那种参与感。我真希望我的主管也能重视那些会议，并为它们花费点时间安排。"

——苏娅，化妆品销售员，23岁

年轻员工认为领导愿意制造一些多与他们接触的机会，并为此尽力挤出时间的行为很重要，这至少表明他们的领导重视他们。如果领导因为有其他重要的事情要做，而经常取消与员工的会议，那么这个领导在管理员工这件事上的投入程度就可能会被员工怀疑。年轻员工明白领导都很忙，但如果领导能为他们挤出点时间，他们就有可能对工作增加一点信心。同时，他们也非常重视领导通过询问工作进展而展现出对他们的工作和个人的兴趣。他们会很感激领导的突然到访，感谢领导询问他们关于工作的问题，或者帮他们留意一些发展机会。

[①]　Ye, R.（2014）. Managerial Coaching in a Changing World: The impact of Gender and Societal Culture in China and Abroad. PhD Thesis, University of Leuven.

（5）请信任我

"我不想为我下午 4 点下班而做任何解释，因为我工作得已经足够努力了。我希望能够自己安排时间，但我会按要求完成任务。我的领导应该信任我。"

——李迪威，造型师，24 岁

信任是员工与领导合作中必不可少的元素。如李迪威在上面这个例子中所明确表达的，管理者给员工的信任是员工能实现自由的前提条件。在研究中，我们发现，年轻员工非常看重领导对他们表达出信任。如果他们不用每隔 5 分钟被监督一次，他们反而有可能更好地独立完成自己的任务。尽管领导的监督可能出于好意，但这有可能会被员工理解为领导的控制欲过强，或是干脆对员工缺乏信任。

前文提到的管理辅导行为中，管理者关心下属的工作表现和个人发展，下属则会在此基础上对管理者回报以忠诚和信任[①]。员工对领导的信任越多，员工的工作满意度就越高，与组织的联系就越紧密，业绩也就越好，并且能更好地发展自己。

"三年前，当我刚开始工作时，我不确定是否要告诉领导那个我曾经犯过的错误。我担心她会因此戴上有色眼镜，并且丧失对我的信任。我犹豫了很久，都不确定自己到底应不应该告诉我的领导。过了一年我才意识到，犯错误是被允许的。作为管理者，你必须给予员工信任，让他们知道即使犯了错，第一件要做的事也是勇于承认。"

——马瑞科，IT 咨询，27 岁

马瑞科开始很担心有一些事情是否应该告诉他的领导。这确实也是我们的研究中年轻参与者会提及的一个问题。毕竟，每个人会对错误做出不同的评价。马

[①] Jung, D., Bass, B. M., & Sosik, J. J. (1995). Bridging leadership and culture: A theoretical consideration of transformational leadership and collectivistic cultures. Journal of Leadership & Organizational Studies, 2 (4), 3–18.

瑞科的例子还表明，**员工和管理者之间必须构建信任，并持续证明信任的存在。**否则，就像马瑞科一样，不得不等到评估业绩时才明白，原来犯错是被允许的，而试图隐瞒这个错误，才是不应该的。

■ 3. 管理工具箱：信任——听听学者们怎么说 [1]

管理者与员工之间的信任，能促进以下八项内容：

① 团队或组织的绩效；

② 员工对管理者所提供信息的接受程度；

③ 员工对管理者所做决定的赞赏及实施中的投入程度；

④ 管理者和员工之间的协作；

⑤ 沟通的开放性；

⑥ 员工与管理者的相互学习；

⑦ 员工对团队绩效的警觉性以及主动解决问题的意愿；

⑧ 组织内的参与度；

⑨ 员工在努力工作的基础上为组织的目标投入更多；

⑩ 员工留在组织继续工作的意愿；

⑪ 员工对管理者的满意度。

（1）我需要目标，请提供信息

"我爱制定目标，我也会愿意按照他人的要求做事。但我希望我的领导能清楚地提供这些目标和之所以要按照他的方式完成这些任务的原因。我经常在想：为什么需要做这件事？一旦明白了，我就会全力以赴地做到最好。但在做事之前，我希望看到做这件事的好处，我想让我的领导花时间为我解释一下。"

——特斯，工业设计师，24 岁

---

① Bijlsma-Frankema, K., & Costa, A.（2005）. Understanding the Trust-control nexus. International Sociology, 20, 259–282.

上面的陈述印证了年轻人不打算乖乖地接受领导的想法。管理者对此也有所体会。现在的年轻人，并不会因为老板是老板，就直接听从指挥。虽然这并不适用于所有年轻员工，但这也说明了**年青一代对证实领导的决策是否正确且有意义这件事非常重视**。然而作为领导，你当然能够而且应该对员工解释工作的方向、目标和意义，尤其是当一名员工不愿接受任务分配时。告诉员工一些他们所不了解的"大局"吧！帮助他们理解你的决定，并让他们明了自己的那部分小任务在保证按时完成整体项目中的重要性。在这种情况下，年轻人会更主动地接受你这个管理者的角色，也会更容易服从你做出的决策。

（2）年轻人期待领导做的工作

① 为他们执行工作提供一个清晰的框架，给予他们足够的自由去选择工作方式；

② 将几个员工组成一个团队，同时也不忽视对某个人及其发展的关注；

③ 告知他们有关项目内部的最新发展，并在此基础上启发和教导他们。

■ 4. 回到现实！职场新生代如何评价他们目前的领导

要回答这个问题，我们需采用在荷兰和比利时的问卷调查得出的两组大数据。在这些调查问卷中，我们要求年轻员工评价他们的领导所拥有的领导者素质（leadership qualities）[1]。同样，我们将来自年轻员工的评价与30~50岁年龄组和50岁以上年龄组的结果做了比较。

对于同一位领导，不同年龄组的员工给出了不同的答案。相比另外两个年龄组，年轻员工对自己目前的领导有若干积极的评价：

---

[1] The findings are based on questionnaires from three sources: ⓐ a database data included approximately 32 000 people from different organizations and sectors; ⓑ data from 6 000 Belgian bank employees; ⓒ data from 304 employees of a retail company.

研究结果基于三个问卷数据来源：ⓐ来自不同组织和部门的约32 000名员工；ⓑ 6 000名比利时银行的员工；ⓒ一个零售公司的304名员工。

① 积极的态度；

② 为人诚实、正直；

③ 提供良好的技巧和反馈意见，使他们能够提高自我；

④ 鼓励他们拿出建议；

⑤ 刺激他们解决问题；

⑥ 和他们一起制定决策；

⑦ 支持他们的职业发展需求；

⑧ 为他们提供工作所需的正确信息；

⑨ 在愿景和目标下，激发工作热情；

⑩ 赞赏他们；

⑪ 愿意亲身示范。

换句话说，年轻人对同一个领导的评价和年长的同事的评价不同。他们更看好自己的上司！

从上文中我们发现，随着员工年龄的增长，他们对领导的期望越不明确，越希望获得更多自主。工作经验较少的年轻人则更希望领导对他们明确地表达要求。在事业的起步阶段，他们似乎对领导给予的评价和意见更为敏感。而且，大多数年轻人都是带着新鲜的活力和较高的期望开始第一份工作的。在这个阶段，他们往往不会注意到工作中不那么有趣的方面；他们未被满足的期望也还没有浮出水面。而那些已经在职业道路上走了一段路的人，无疑会根据自己的既有经验，对组织和领导作出另外一种角度的评价。

5. 什么样的领导有利于提高员工绩效

很多学者都研究了领导力对员工绩效的影响。目前被大部分学者接受的观点是：变革型领导 ①（transformational leadership）与更好的绩效和员工福利有关。一

---

① 变革型领导（TFL），可能是过去 20 年中最有影响力的领导理论。Bass 和 Avolio 等学者将变革型领导行为的方式总结为 4 个维度：理想化影响力（idealized influence）、鼓舞性激励（inspirational motivation）、智力激发（intellectual stimulation）和个性化关怀（individualized consideration）。

个变革型的领导知道该如何与员工建立良好的关系，知道如何在工作中激励和启发员工。他对未来具有很强的愿景并以此激发员工，他参与员工的活动，监控工作的质量，关注部门或团队的工作过程。

（1）"共治"（collegiality）和工作氛围的影响

虽然变革型领导直接关系到生产力和全体员工的福利，但这种影响对不同人群也有细微的差别。相比老年员工，领导力对年轻员工的影响更强。研究发现，一旦从上司那里接受了建设性反馈意见和业绩提升技巧，年轻员工就有了强烈的决策参与感。而当上司鼓励他们提出意见和建议并支持他们的职业发展时，年轻员工会感受到更强的团队精神。感受到被上级重视的年轻人会对同事更加信任，更像团队的一分子，并在工作中施展出更多的技能。反之，如果他们没感觉到被上级赏识，他们会感受到较差的工作氛围。

而年纪稍长的员工的体验，则与年轻员工相反。这里可能的原因是，随着员工年龄的增长，或者在某个地方工作的时间越长，员工会越少依赖他们的主管，并开始向同事寻求更多支持。

相比于年轻员工，另两个年龄组的员工对于领导是否将自己纳入决策过程中的反应更为强烈。具体而言，他们反映出更强的与上司"共治"的需求。年纪稍长的员工会对更友好的工作环境有更强烈的要求。当他们从上司那里获取的信息不足以很好地完成任务时，他们会在各种工作相关的角色中体验到更多冲突。如果这些年长员工对工作所掌握的信息不足，那将会直接影响到他们与上级之间的信任。

总而言之，这些研究结果很吻合年轻人在大众心目中的形象，即他们特别重视团队或部门的接纳，希望有一个同事间互相信任的积极的工作氛围。

以结果为导向？还是辅导员工去成为更好的个体？

在研究的小组讨论中，我们广泛探讨了一些应对年轻人的期望的"好的实践经验"。整个过程其实特别像在回答以下问题：管理者是应该以结果为导向，还是应该辅导员工去成为更好的个体？

"我们给了年轻员工很大的自由。但这是在一定界限以内的，并且监控这些界限很重要。只告诉他们事情应该怎么做并没用，他们理解的总是和我想象的不一样。如果我给客户派出我们组的 5 个年轻顾问，之后我就能收到来自他们每个人的 5 种截然不同的解决方案。客户的实际问题在很大程度上决定了我们这些年轻顾问的工作框架。他们给客户提供的解决方案，只能在这个框架内自由地做出，才会最终让客户认可。这对我来说，就是工作上的自由与限制。可是，看起来我的这些年轻员工并不理解，在给客户提供解决方案时，他们的想法都太过天马行空了。当然，这也需要我与员工不断地进行对话，让双方都明了工作到底应该怎么做。这不是机器，不是你一调整好参数，好结果就能被搞定的。工作框架在不同人眼里有不同的理解。可很多时候，它貌似被我们的员工抛之脑后了。我们需要不断地对它进行讨论，以强化它在年轻员工心中的分量。"

——乔司特，运营经理，IT 行业，38 岁

正如我们在前面章节中所描述的，年轻人期待一个领导者给予他们自由，同时还有界限。就连管理者也认识到了这一点。但是，像乔司特在上面的例子中表明的，这些都是很宽泛的概念，不同的人，理解也不同。所以，第一步先要明确地指出界限是什么和你对结果的期望是怎样的；第二步再去继续检查这些期望，持续并定期地核查员工的执行情况。

很多时候，即使一个项目的框架决定下来了，也还是不够的。作为管理者，你必须继续与你的员工交谈，持续检查目标和进度。因为你的员工很可能会以不同的方式理解你所说的事情。员工希望自己的领导能在这个过程中采取积极的协调作用。

（2）自由与限制

通常管理者会认为他们组织里的年轻新员工往往对自己的能力过于自信，甚至会有些不切合实际的念头。

"年轻人的期望是什么？他们真正需要什么呢？我认为这是两回事。例如项

目员工认为他们一年后就可以自己带项目。但是如果他们太快去这么做了，往往会发现事情比预想得要难得多了。可无论我再怎么清楚地向他们解释，说他们还没有准备好接受新的岗位，他们还是想要自己去尝试一下。没办法，我作为他们的上司，只好给了他们一个时间点。我告诉他们要在一个职位上努力工作并保持成长一到两年，才能去尝试更复杂和困难的工作，但他们就是不听。"

——哈利，业务经理，38 岁

这里出现的一个问题是，作为一个管理者，你是否必须控制自己员工的进取心？在当前这个以个人发展为核心的社会风气里，这种控制行为可能会造成一些困扰。但当你深信员工提出的要求太早、太多时，作为一个领导者，你难道不应该对其予以限制吗？（参见管理工具箱：因选择而来的压力）

尽管年轻员工认为自己可以（立刻）做到任何事情，但一个优秀的管理者会确保年轻人不会因为野心过大而造成长期倦怠或有患疾病的风险。组织虽然喜欢年轻热情的员工，但有时也需要对其加以密切关注。

（3）对个人的关注

"我希望我的领导了解我，知道我可以做什么、什么适合我，这很重要。她可以因此评估出什么工作能提升我的工作能力。要做到这样，她需要知道我当时的工作状况如何。"

——布莱姆，IT 咨询实习生，25 岁

正如我们在第一章中指出的，不能把所有的年轻人都看作100%相同的。不是所有的年轻人都对这种自由和责任感有同样强烈的需求。一些年轻人实际上需要明确的控制。这意味着，作为一个管理者，你必须觉察到个性化的需求和能力。

（4）什么是"因选择而来的压力"

管理者和人力资源经理发现，如今的年轻人体会到更多的"选择压力（choice stress）"。当一个人手中掌握了完全超过他所能承受的过量的信息，而他又必须基于这些他无法全部领会的信息去做出一个选择时，压力就产生了。

社会学家认为，选择压力是当今社会的一个特征。由于近几十年来，传统的领导单向指导员工的管理模式已经失去了原来的主流地位，人们开始越来越重视员工"选择的自由"。然而，现在有很多社会学家都一再强调要重视这种貌似"选择的自由"而带来的负面效果，但目前并没有严谨的学术研究来支持这些学者的说法。

"选择的自由"是年青一代的核心价值观，他们一般都有一些建设性的策略来减轻因选择而带来的压力。

（5）今天的年轻人如何做出选择

① 从朋友和家人那里获得信息和建议。但在实际的选择问题上，他们会考虑采取朋友和家人的建议，以降低问题的复杂性并简化选择。

② 寻找有类似情况的过来人，听从他们的建议。

③ 面对涉及自己身份的选择，年轻人会做出一个决定。他们不只是模仿别人的选择，因为这个选择有他们自己的身份认同问题。

（6）作为经理，你如何接受挑战

可以肯定的是，如今有太多的选择要做，而年轻人对自己能够做出选择都非常重视。但当有一个选择需要做出时，员工并不总会将领导作为最初的寻求建议者。换个角度想，领导是否对他的年轻员工的选择负有建议的责任？领导在这中间该扮演什么样的角色？

"我不希望别人操纵我的选择。领导可以说：'小心点，你不用把关注点放在所有事情上。'但是我不喜欢领导在具体的工作内容方面控制我太多，我想自己找到一些新内容和新方法。实际上我的经理会对我说：'我不必参与每一件事情。'这让我很欣慰。"

——海莉埃塔，咨询机构的实习生，25 岁

"年轻人想要自己去发现一切。他们希望分享自己的经验，并将它存入自己的知识库，或者用这些已知信息去探索自己能力的边界。作为管理者，你需要对此提出一些问题，促进他们思考，与他们开展谈话，这对他们很重要。你和员工之间，不应该只是进行每年一次的业绩评估，而是要更经常地谈话，帮助他们厘清思路，做出好的选择。"

——吕季珂，软件企业部门主管，35 岁

■ 6. 管理工具箱：经理该怎么做才对 [①]

① 不要只是理所当然地认为年轻人因为存在选择压力而无法做出抉择。要去询问他们遇到了什么具体困境或选择难题。这表明了你愿意为他们投入时间和精力。

② 提前告知你的员工，让他们主动来找你咨询。

③ 有的年轻员工比其他人能更好地应对选择问题，而有的人比其他人需要更多的帮助，要区别对待他们。

④ 可以辅导年轻员工在选择的过程中先减少一些选项，从而让选择变得更容易。同时明确告诉他们这些选择只是大过程中的一些小步骤，没必要为此而纠结不已。

⑤ 如有必要，直接提供你替他做出的最终选择，即使它不会受到员工的赞赏。有时候，从你的立场和经验上看，你会更清楚年轻员工在他们的发展道路上需要什么。注意，在告诉员工你的最终选择时，请向员工说明理由。

■ 7. 管理工具箱：管理期望问卷

想知道你的年轻员工对你的期望是什么吗？你可以使用下表的问卷调查。这

---

① 来源：Van Doorn, S., De Koster, W., & Verheul, A.J.（2007）. Stress choice！? About the social embeddedness of individual choices. Sociology, 3, 400–409.

是根据该领域的研究文献和访谈所编写的。

完整的问卷（匿名）可以在小组讨论中使用，或者可以作为与员工一对一面谈时的参照材料。

管理期望问卷

项　目	我理想的主管					我目前的主管				
我的主管	几乎从不	偶尔为之	有时	经常	几乎总是	几乎从不	偶尔为之	有时	经常	几乎总是
① 会设置一些前提条件和约束，以便大家能够在正确的范围内做他们的工作；	○	○	○	○	○	○	○	○	○	○
② 会热情地谈论一定要实现的工作结果有哪些；	○	○	○	○	○	○	○	○	○	○
③ 能提供了足够的明确的信息，让大家可以清楚明白地做他们的工作；	○	○	○	○	○	○	○	○	○	○
④ 会通过实例表达他/她对别人的期望；	○	○	○	○	○	○	○	○	○	○
⑤ 花时间对他/她的员工进行指导和培训；	○	○	○	○	○	○	○	○	○	○
⑥ 认为了解部门/团队里的人在做什么是件很重要的事；	○	○	○	○	○	○	○	○	○	○
⑦ 创建了一个良好的工作氛围，使人们互相欣赏；	○	○	○	○	○	○	○	○	○	○
⑧ 在业绩期望达标时，会表达他/她的部门/团队的荣誉感；	○	○	○	○	○	○	○	○	○	○
⑨ 对违规行为、错误、例外和不达标的事情保持敏锐的关注；	○	○	○	○	○	○	○	○	○	○
⑩ 敢于在重大问题上做出艰难的决定；	○	○	○	○	○	○	○	○	○	○
⑪ 守信重诺，并公平地给予团队成员奖励；	○	○	○	○	○	○	○	○	○	○
⑫ 对未来有一个强大的愿景；	○	○	○	○	○	○	○	○	○	○
⑬ 鼓励用创新的视角来看问题；	○	○	○	○	○	○	○	○	○	○
⑭ 授权员工决定该如何做事的自由和选择；	○	○	○	○	○	○	○	○	○	○
⑮ 帮助员工用他们的想法对组织做出贡献；	○	○	○	○	○	○	○	○	○	○
⑯ 帮助员工发展他们的优势；	○	○	○	○	○	○	○	○	○	○

续表

项　目	我理想的主管					我目前的主管				
我的主管	几乎从不	偶尔为之	有时	经常	几乎总是	几乎从不	偶尔为之	有时	经常	几乎总是
⑰ 将具有挑战性的职责授权给员工，并对结果保持关注；	○	○	○	○	○	○	○	○	○	○
⑱ 减少了部门或团队内部的摩擦；	○	○	○	○	○	○	○	○	○	○
⑲ 用乐观的态度谈论未来；	○	○	○	○	○	○	○	○	○	○
⑳ 必要时会采取坚决的行动；	○	○	○	○	○	○	○	○	○	○
㉑ 帮助人们用新的方式看待问题；	○	○	○	○	○	○	○	○	○	○
㉒ 鼓励部门或团队之间以及内部的合作；	○	○	○	○	○	○	○	○	○	○
㉓ 只在有足够确凿理由的时候，才批评员工；	○	○	○	○	○	○	○	○	○	○
㉔ 能把部门大目标和团队小目标结合起来；	○	○	○	○	○	○	○	○	○	○
㉕ 将员工看作是有自己独特需求、能力和愿望的个体；	○	○	○	○	○	○	○	○	○	○
㉖ 努力做到那些与员工已经取得一致意见的部分；	○	○	○	○	○	○	○	○	○	○
㉗ 不会回避困难和费时的问题；	○	○	○	○	○	○	○	○	○	○
㉘ 在员工有疑问或问题的时候，有空帮忙；	○	○	○	○	○	○	○	○	○	○
㉙ 在履行他/她的承诺和义务方面很可靠；	○	○	○	○	○	○	○	○	○	○
㉚ 给员工机会了解组织的发展；	○	○	○	○	○	○	○	○	○	○
㉛ 将人更多地看作是个体，而不仅仅是一个部门或团队的成员；	○	○	○	○	○	○	○	○	○	○
㉜ 给人以尊严，待人以尊重；	○	○	○	○	○	○	○	○	○	○
㉝ 在一些重要原则问题上反复确认；	○	○	○	○	○	○	○	○	○	○
㉞ 给予的有关绩效和工作的反馈，既包括正面的，也包括负面的；	○	○	○	○	○	○	○	○	○	○
㉟ 解决问题的时候会考虑不同的方面；	○	○	○	○	○	○	○	○	○	○
㊱ 对目标的完成表现出充分的信心。	○	○	○	○	○	○	○	○	○	○

■ 8. 结论

在本章中我们不难发现，不同年龄的员工对他们的上司有不同的期望。年轻人尤其更关注他们的领导，并比他们年长的同事更积极地看待他们的领导。我们还发现，高管们对员工和团队的业绩有直接的影响。与员工建立良好关系，注重个人和团队的发展，这对所有的员工都适用，尤其对年轻人更是如此。

对于管理者来说，确保他能够为员工的期望作出回应的第一步就是：**发现员工的期望**。这可以通过直接询问员工来简单地做到。当然，发现了员工的期望，并不意味着管理者就必须满足员工的所有期望或需求。但是，通过持续地讨论员工的期望，并不断地与员工互动，管理者就能避免年轻员工提出不切实际的要求，最后因为期望未获得满足，而转去寻找另一份工作。

实践证明，许多员工和管理人员都很难对员工的期望做出解释和正确的理解。

首先，员工可能不敢直接表达他们的愿望，因为他们担心自己没有权利去讨论一些自己决定不了的事情，或者担心贸然提出自己的希望之后，会在业绩评价里因为那些"不切实际的奢望"而受到批评。

其次，对每个人来说，**向别人清楚明白地表达自己究竟期望着什么，这其实并不那么容易**。员工知道有的时候会很难表达清楚他们的愿望。特别是对于那些非常尊敬上司的年轻员工，他们可能很难说清楚他们希望从上司那里获得什么，或者甚至不敢想自己能从上司那里获得什么。

第 **3** 章

职场新生代将会成为不一样的领导者吗

在 20 世纪初，伟人理论（great man theory）是社会对领导者的主流看法。依据这种理论，下属应当接受领导的管理和指引。但随着时间的推移，权威的领导者和被动的下属的刻板形象都已经发生了很大变化。由于在全球化背景下的技术发展和社会经济繁荣，当代组织在过去几十年中发生了迅速变化。

而今，领导高度重视独立、进取的员工。这些变化给人力资源管理带来了新的挑战。传统的任务导向型的领导正在向着以人为本的方向转变[①]。与之相应，传统的由人力资源专业人员进行的许多工作，现在也逐步转移给了员工的直接主管。员工的直接主管则被视为是促进员工发展、鼓励他们承担责任的管理"人"的领导。要求他们负责发展下属，并促进下属员工的学习。

在本章中，我们首先探讨领导力的发展。接下来，我们会检验如今的管理者是否表现出与十多年前不一样的领导力。由于越来越多的年轻人开始承担领导职务，我们也会研究一下他们是如何承担其领导任务的。

1. 领导力的发展

伟人理论认为，你天生就有可能（或没可能）具备某些允许你未来成为管理者的特征。那些伟人们天生拥有足够的天生素质和后天成长环境，从而确保他们

---

① Eagly, A. H., & Chin, J. L. (2010). Diversity and leadership in a changing world. American Psychologist, 65 (3), 216.

在任何情况下都最适合成为领导者。当时的学者将管理者的角色理想化，并声称一个人要么是"领导者"，要么就"没有价值"。这里的价值与该人对他人的影响力和名声密切相关。

根据这个理论，那些不具备"先天领导素质"的人没有别的选择，只能自觉地服从命令。因此领导一直都特别积极地控制着这些被动的、顺服的下属；而后者也只能一直乖乖服从前者的命令，没有能力，也没有条件去自己做决定。

从20世纪60年代起，领导者的形象开始发生改变[1]，人们更加注重工作的人性化，管理者也接受培训，开始注意员工的福利。同样的，人们对员工形象的关注再也不是由管理者设定的受雇者这个固定角色，而更加强调员工的个人责任和专业知识。

但现实中，许多公司都很难做到这一点，因为组织的成功与否似乎仍然直接取决于那些被传奇化、英雄化了的领导。在这种情况下，员工只不过是领导为了达到特定的结果（例如实现利润目标）而在管理活动中所需的情境因素。尽管传统的思维方式发生了初期的变化，但员工的角色仍然被管理者的光芒掩盖了。

随着80—90年代新技术的进步，组织结构变得更加扁平化。权力和责任被更多地委托、授权给各个业务层级，员工个人的主动性受到了鼓励。这对员工和管理者来说都不容易，因为他们都需要改变自己原本的做法。如果员工还像以前那样听命于领导的指示，就会被贴上"温顺的小绵羊"的负面标签；而那些没有授予员工足够权力的管理者则会被描绘为专制的"恶霸"。

当今社会比以往任何时候都更加注重员工的积极作用。为了确保组织能持续盈利，每个人都应该通过主动和创新的行为做出明确的贡献。一个突出的例子体现在自我导向的团队越来越受到关注，在这种团队中，领导的角色已经被重新解释了。此外，服务型的领导[2]越来越受到鼓励，他们必须为自己的员工服务，他们

---

① Baker, S. (2007) . Followership: the theoretical foundation of a contemporary construct. Journal of Leadership & Organizational Studies, 14, 50–60.

② 服务型领导（Servant leadership），也称"仆从式领导"。它既是一种领导理念，也是在西方发达国家的组织与企业中，一套行之有效的领导实践。相较于传统领导力模式与理论，服务型领导下放、分享权力，把员工的需要放在首位，以提高员工的工作绩效，发展员工的个人职业技能。

需考虑"我能为你做什么？"服务型领导非常擅长倾听员工的需求以帮助他们的发展。这种领导通过发挥服务性、合作性的作用，使员工能为一个团队更好地工作。

延伸阅读：

欧洲的管理者 vs 荷兰的管理者

在世界范围内，55%的管理人员在自己的员工间造成了士气低落的工作环境。在荷兰，这一比例甚至是68%[①]。

（1）欧洲的管理者坚持高压的（demanding）领导风格

由于目前的危机和经济的不确定性，一些欧洲的管理者采用了高压的领导风格。他们用一种"按我说的做"的态度指示和控制员工。欧洲的管理者中有38%的采用这种领导风格，而在北美，这一比例只是23%。

（2）荷兰管理者仍旧保持与下属协商的管理方式[②]

荷兰的管理者更倾向于使用相对松弛的领导风格。这种风格的优点是，该组织内的决策权可以被授予到下层的员工。然而这种模式也有一些缺陷，其中最明显的就是会造成决策缓慢。在荷兰，管理者可能很少对员工施加压力，说"你应该做什么"（强制型领导风格，compelling leadership），而是让员工自我规制（规范型领导风格，normative leadership）。

总而言之，多年以来，管理者的角色已经发生了很大改变。如今，员工可以领导一些项目，也可以在其他项目里接受别人领导。因此，项目里的"下属"和"领导者"都可以由员工组成，且不论他是否有正式的"领导"职衔。尤其是对那些资深员工，他们往往担负着项目团队里领导的（非正式）角色。一名资历较深的员工向我们解释了他在多个项目团队中担任的角色。

---

① 这些数据是来自合益集团管理咨询公司对2 200个分布在60多个国家和地区的组织中的95 000名主管的问卷调研结果。

② 来源：www.haygroup.com/nl/press/details.aspx?id=36921.

　　"在我领导的项目团队中，鉴于我名义上并没有"经理"的职位头衔，所以，我也不会对我团队中的成员实施压制性的管理行为。相反，我花了很多时间来做说服和解释的工作。当我了解到某位员工不喜欢某个特定的任务时，我会告诉他，很快会有一个更好的任务给他。我试图缓解他们的痛苦，并从人性化的角度观察：为什么人们不喜欢他们在做的事情，而我又能做些什么使这种负面情绪更快地消失，或者干脆使他们从工作中获得快乐。实际上，从工作职责上讲，我更希望我能像我自己的老板那样，将任务直接派发给别人，但是我的职位（是员工而非领导）不允许我这么做，我的团队成员也不会接受我这么做。我也经常和我的妻子讨论这些，她也认为我不是那么强硬的人，其他人也不会相信我是那样的人。我担心我其实并不具备相应的领导能力，我担心我的个性和管理方式太软弱了。"

——林巴斯，资深专家，41 岁

　　值得注意的是，作为一名资深专家，林巴斯其实指导和帮助了不少同事。他用一种以人为本的管理与沟通方法，对他项目组里的成员的个人需求表示出很大程度的关注。但他觉得自己似乎缺少"强硬"的手段，来成为一个出色的管理者。由此看来，尽管大家貌似都接受了普通员工也能在特定项目中担任领导和统筹角色的事实，但是，经典的管理者或领导的形象——领导者应该手段强硬地行使他们的权力——仍然在大家的思想中执着且鲜活地存在着。

　　不过在我们的访谈中，也出现过受访者表达出相反的意思。

　　"如果可能，我其实期望我的上级来领导我。我的意思是说，他得有胆量找员工谈话，跟员工反馈一下他们的行为是否让他满意。可惜，我认为现在的领导在这方面做得很不够。他们忙于各种事情，但几乎没有付出精力去驱动员工的上进心，纠正员工的不良行为。"

——斯蒂夫，CEO，56 岁。

　　尽管员工也可以担任管理角色已成事实，但典型的领导者形象，即一个立场坚定的管理者形象，至今依然保留在许多人的脑海里。领导者的形象到底应该是什么样的？如何做到那样？人们有着各种各样的困扰，可惜答案并不总是很明确。

■ 2. 如今的管理者与十年前不同吗

　　为了回答这个问题，我们对比了人们对现在和十年前的管理者的评价[①]。下面我们看看管理者对工作和关系这两个方面的关注程度。强任务导向型[②]的管理者主要将注意力放在工作结果、进度检查和工作质量上；强关系导向型[③]的管理者具有一种以人为本的领导风格。他们重视与员工的关系，并关注员工的个人需求和喜好。基于领导力理论的持续发展，可以预测，如今的管理者大多会在关系方面做得更好。

　　我们的研究结果如下图所示：

　　比十年前的管理者，如今的管理者在任务和关系两方面的评分都更高。

　　在下图中，任务导向型（左图）和关系导向型（右图）的领导，根据年龄进行分组。

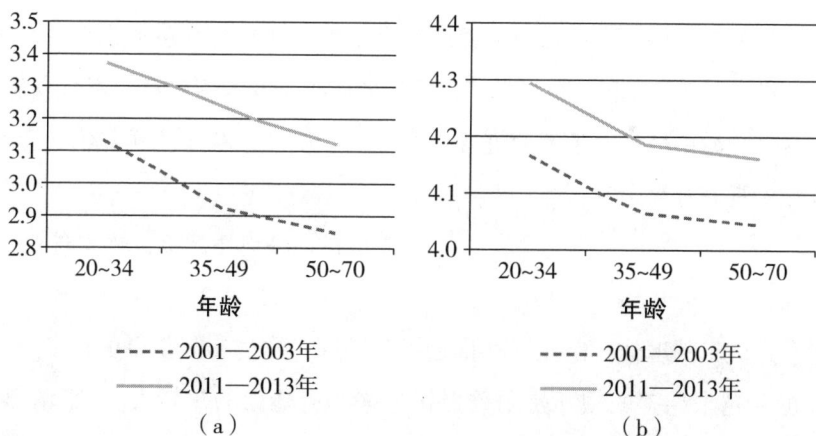

任务导向型和关系导向型的领导

---

①　研究结果基于三个来源：a. 来自约 32 000 名员工对工作经验和领导力的问卷研究；b. 来自 83 名医院管理者对其团队的评估；c. 来自不同组织和部门的 122 000 名管理者的团队评估（每名管理者被平均4.5 名员工评估），我们对 2000—2003 年以及 2010—2013 年收集的两组数据进行了对比。

②　任务导向型：领导者强调任务的导向和调控作用，以工作成效为目标。源自 de Vries, R. E., Roe, R. A., & Taillieu, T. C.（1998）. Need for supervision: Its impact on leadership effectiveness. The Journal of Applied Behavioral Science, 34（4），486–501.

③　关系导向型：领导者注重下属的需求，注重与下属的关系，以员工满意为目标。

虽然十年的时间，并不算一段非常长的时间，但它仍然提供了一个很好的指示作用。从我们的数据中能明显看到，在十年这个相对短的时间内发生了重大的变化：如今的管理者比十年前的管理者更加关注任务和关系这两个方面。

3. 职场小鲜肉 vs 职场老手

"我的经理 35 岁，她是我们团队里最年轻的人，而我是年纪第二大的。她负责管理五名员工，其中有一些是老员工。要知道，这很不容易。但我喜欢她的领导方式！十年前，我们对领导的态度是'好的，可是……'但现在这种态度不行了。现在不再和以前一样，你也要随着时间的变化做出相应的改变，你要带来一些新的想法，如果你对旧的方式和方法念念不忘，那你就很容易被迅速淘汰。在这种情况下，我更愿意在一个年轻的经理的带领下，跟她一起进步，这样我自己的转变也能更容易些。我的经理为团队带来了很多新的想法和工作方式，她迅速地搞定了任务，我们互相配合得很好。团队里那些年轻人不明白的事情我能明白，反之亦然。我的年轻经理了解的有时比我更多。不过，双方必须都保持开放的心态，这样才能向对方学习。"

——博尔特，培训协调员，化工行业，52 岁

如今，员工的退休年龄比以往推迟了，因而工作的年限变得更长了。而管理职位中也有越来越多的领导是刚被提拔上来的有能力的年轻人。"职场小鲜肉"领导"职场老手"的现象更普遍了。我们知道，随着管理者年龄的增长，他们展现的领导风格也会发生变化。

如今的年轻管理者是如何领导员工的？

年轻的管理者在任务和关系两个方面都获得高分！

有的读者可能会从上页图中注意到，相比年纪更长一些的管理者，员工似乎更欣赏他们的年轻领导。其中，以 20~34 岁的领导得到的分数最高。各种年龄层的员工都认为他们的年轻管理者比年长管理者更关注任务和关系这两个方面。员

工尤其赞赏年轻管理者对下属的关注和表现出的兴趣。此外，年轻管理者在辅导（coaching）型的管理风格（即对员工个人发展的关注）方面得分尤其高。这些管理者经常和员工坐在一起，根据员工的抱负对其才能和弱点进行分析。正如我们前面提到的，这恐怕是大多数员工对管理者的期待。

■ 4. 人见人爱的管理辅导

管理辅导（managerial coaching）是管理者（即直接主管）与下属沟通目标和期望的过程。在此期间，管理者为员工提供定期反馈和学习的机会，以达到提高下属绩效并促进他们专业发展的目的[①]。

在过去 20 年中，管理辅导在公司和组织中逐渐盛行。一方面，人力资源部门往往通过培训或提供其他资源，帮助经理成为一个合格的辅导者（coach）；另一方面，经理作为员工的辅导者，承担了人力资源部门一部分的开发责任，因此，他们的工作目标也包括进一步提升员工的绩效，拓展员工的个人能力[②]。在人力资源管理和管理辅导的文献中，实证研究的成果表明，有效的管理辅导行为可能会产生积极的影响。我们总结如下[③]：

① 下属角色清晰度的提升；

② 员工表现出更积极的工作态度；

③ 员工的个人学习意愿增强；

④ 工作满意度提高；

⑤ 个人绩效提升；

⑥ 组织绩效提升；

① Heslin, P. A., Vandewalle, D., & Latham, G. P. (2006). Keen to help? Managers' implicit person theories and their subsequent employee coaching. Personnel Psychology, 59 (4), 871–902.

② Hamlin, R. G., Ellinger, A. D., & Beattie, R. S. (2006). Coaching at the heart of managerial effectiveness: A cross-cultural study of managerial behaviours. Human Resource Development International, 9: 305–331.

③ Ye, R. Wang, X., Wendt, H., Wu, J., Euwema, M. (2016). Gender and managerial coaching across cultures: Female managers are coaching more. International Journal of Human Resource Management, 27 (16), 1792–1812.

⑦ 公司业绩提升。

管理辅导传统上曾被视为一种针对不佳业绩表现的管理干预。然而，最近的研究从"促进员工发展"这个角度重新定义了管理辅导。具体来说，管理辅导不是一种单向的、指令式的或只存在于非常短的时间内的绩效驱动型干预[①]。正相反，管理辅导是一个长期的、经理与员工合作的过程。**在管理辅导中，领导成为下属的合作伙伴，而不是简单地提供答案和指示**，领导积极地倾听下属，并与下属一起寻找问题的解决方案。在管理辅导的过程中，领导还需要注重员工个人之间的差异，并为员工的进步和发展提供反馈，支持和提供进一步提升的资源。为了使辅导有效，领导与下属之间的互信（mutual trust）和价值观共享（shared values），是他们关系的基本要素。

研究表明，年轻的管理者比年长的管理者对员工有更强的辅导意愿，并且会更有针对性地为之努力[②]。这也许是因为年轻的管理者非常关注任务的结果，他们知道该如何让员工带着热情去实现任务目标。不过，相比年长的管理者，由于年轻的管理者抱有高度的积极性和目的性，他们往往会主导一些讨论或互动，也可能会直接指示员工该如何执行任务，并可能施加要员工在一定时间内必须完成任务的巨大压力。

但是，随着管理者年龄的增长，员工（不分年龄）也可能发现，他们的领导变得没那么强势了，而是更注重给员工做出好的示范。

利用管理辅导这一平台，领导与员工之间可以有相对保障的时间提供和接受"反馈"。有一条好建议是，要不断地利用各种机会肯定、夸奖或赞赏（正面强化）员工做得好的那些事情。对于员工做得好的那些事情，如果我们能够面对面地、及时地、积极地关注和评价。会有助于员工在未来呈现更多这样好的行为。

---

① Agarwal, R., Angst, C. M., & Magni, M. (2009). The performance effects of coaching: A multilevel analysis using hierarchical linear modeling. The International Journal of Human Resource Management, 20 (10), 2110–2134.

② Ye, R., Wu, J.-X., Wendt, H., Wang, X.-H., & Euwema, M. C. Development of managerial coaching in China (2005—2014): A projection by national socioeconomic growth. The 6th Biennial Conference of the International Association for Chinese Management Research (IACMR), June 18–22, 2014, Beijing, China.

■ 5. 结论

本章表明，如今的管理者比十年前的管理者在任务和关系两个维度上都表现得更好。主要结论是，所有员工，不论年龄，都发现年轻的管理者和年长的管理者使用的管理方式并不一样。最显著的发现是，**年轻的管理者在辅导型的领导风格上表现良好，这令所有员工都很欣赏**。这个结论相比其他结论更令人意外，因为人们普遍认为年轻的管理者由于不太成熟，因此更难成为一种有感召力和变革型的领导。但是，目前就研究结果显示：所有年龄层的员工都发现年轻的管理者对他们采用了更多的辅导型的领导风格。

本章的研究结果表明，管理者会根据自己的年龄和需要形成自己的领导风格。年轻的管理者根据年轻员工对个人发展及"清晰框架"的需求，以更多的辅导和指示回应。相比之下，年长的管理者对年长的员工分配任务的时候，可能就没那么强的指示性。因为随着年龄的增长，人们对自主性和工作环境的要求都会更高。

我们还可以想象，一旦年轻的管理者对年长的员工实施指令性的控制行为，结果很可能令人沮丧。反之，年长的管理者对年轻员工缺乏指示性领导，则可能会造成一种误解，员工认为："事情也不交代清楚，都要留给我来处理。"而领导则认为："我这是给你探索任务的自由。只要工作能完成，方式并不重要。"因此，管理者需要意识到，**不仅员工的需求和动机与其年龄有关，管理者自己的领导方式也与自己的年龄和其他个人因素有关**。此外，根据合益集团最近的研究[①]表明，大多数高管倾向于使用单一而非平衡的领导风格，这最终有可能导致士气低落的工作环境。

在这里，我们想给管理者的提醒是，基于一个古老但相当有效的真理：**与员工的需求相一致的领导才是最有效的**。

---

① Source：www.haygroup.com/nl/press/details.aspx?id=36921.

第 **4** 章

可能发生的管理隐患

　　一般情况下，比较理想的管理风格应是，管理人员既注意员工的工作（分派给他们的任务），也关注自己与员工的关系。如果管理者在"任务"和"关系"之间能保持住关注上的平衡，就既可以确保员工有机会发展自我，也可以为自己的工作、个人成长和职业发展担负责任。管理者为员工留出空间，鼓励他们去尝试新的事物，并支持他们寻找到适合自己的工作方式。与此同时，管理者也会为员工提供足够的指导和引领。这样，管理者可以将任务委托给那些愿意接受和迎接挑战的员工。

　　然而，似乎大多数管理者更喜欢使用单一类型而非平衡模式的领导风格。有一些管理者非常注重工作结果，但并不关心他的员工的个人问题和困扰；而另一些主管则主要致力于为员工的个人成长费尽心思，不遗余力，但结果反倒对员工的工作失去了控制；还有一些领导甚至可能会让你怀疑他们到底做了些什么？因为他们貌似既没有关注工作中的任务和结果，又完全不关心员工，或者不看重发展与员工之间的关系。

1. "过犹不及"的极端管理风格

　　我们常挂在嘴边的"过犹不及"这个道理，其实也适用于领导风格。大量研究表明，过少关注工作的结果，或者干脆忽视与员工的关系，都是有害的[1]。具体

---

[1] Judge, T.A., Piccolo, R.F., & Ilies, R.（2004）. The forgotten ones? The validity of consideration and initiation device structure in leadership research. Journal of Applied Psychology, 89, 36–51; Harris, K. J., & Kačmár, K. M.（2006）. Too much of a good thing: the Curvilinear effects of leader–member exchange on stress. Journal of Social Psychology, 146, 65–84.

而言，如果领导对工作任务的关注过低，就会导致给予员工的实质性指导太少，导致员工在工作任务上进展缓慢。缺少实质性指导的员工，与能够获得来自领导的充分引领的员工相比，他们的生产力和工作表现更低，同时从他们的上级那里获得的赞赏也较少。

反之，如果领导过分注重工作结果，员工就会产生巨大的压力和紧迫感，认为要不惜一切代价也必须达到目标。过于关注任务导向的领导会表现出强大的控制力，迫使员工顺从。这样一来，员工就欠缺独立思考的机会，而总是寻求上司的帮助，来处理工作中遇到的所有问题。这不仅会使领导的工作负担非常沉重（因为他无法放心将高难度的或复杂的任务派给下属），也会让员工对他们的领导产生过分的依赖。一旦领导要求检查每一个工作细节，员工也会对自己开动脑筋解决问题失去动力。他们只是机械地执行任务而已。而这种情况对管理者和员工而言，显然都不是理想的局面。

如果领导对关系的关注过低，那么，员工在团队或部门里就不会感到很自在，并认为他们的上司态度冷漠。这样一来，员工的工作满意度会下降，并且员工对管理者的管理行为会更倾向于采取回避退缩的态度。这样做的结果自然很可能是员工的工作执行结果很差，甚至员工会直接选择离开工作岗位，另谋高就。

然而，过分关注关系的领导风格，通常也是不可取的。尤其要避免员工和领导的距离感消失，或者双方的层级关系受损的情况。乍一看，这可能像是件好事。但是当某一天，一直和善且亲民的领导被迫要做出一些对他而言很困难的决定（例如裁员、大幅度减薪、给员工做出"差"绩效评估、要求员工长期加班、高强度工作，等等）时，这些决定该怎样向他的员工传达，就会成为这个领导面临的很大问题。管理者有可能慑于员工对这些"不受欢迎"的决定的反应而举棋不定。

而员工呢，一旦突然接收到这些"不合心意"的决定，可能会表现得非常失望，"我们不是朋友吗？你现在这样做，多对不起朋友啊！我还以为你和其他的领导不一样呢！"再者，如果管理者过分注重与员工发展私人关系，就有可能越界干预员工的私人事务，从而造成在工作时间和工作场合，出现公私不明的情况。

尤其是对于年轻的职场新人，管理人员会对其表现出"亲人般的慈爱"。而员工在最初接受到这些来自领导的关怀时，基于感动和自身的需要，往往不会表示出拒绝。我们承认，在这种情况下，管理者的出发点往往是善意的，但是，这并不意味着管理者要继续保持这种和员工"亲密无间"的关系，最后的结果（尤其是工作任务的成果）就一定是对公司和个人有益的。

2. 管理隐患模型

我们根据现有的研究结论描绘出了管理者的管理隐患模型（Pitfalls Model）。我们区分了八种隐患，其中每种都分别体现了管理者在任务或关系方面关注失当的情况。之后我们从与受访者的讨论中提炼了一些处理这些隐患的实用技巧。

然而，我们的目的并非只是归纳概括出管理者的这些管理隐患。我们的最终目标是帮助读者在识别这些隐患的基础上，成功地避免它们。简而言之，就是我们要回答"我应该如何避开隐患，并管理我的下属"这个问题。

由于人们有一些潜在动机，有些人可能更容易陷入某种特定的管理隐患。因此，当一个领导在指导一项自己很感兴趣的项目时，他可能过分关注这个任务，会以结果为导向。或者当这项任务迫在眉睫，时间压力较大时，他也可能会非常紧密地跟踪任务的进展。反之，如果他对该项目不是特别上心，或者他想对他的员工表现出友好和支持，那么，他的员工就可能会在项目中有更多行事的自由。此外，由于每个员工对工作的需求和期望不同，领导也可能对他们区别对待。

我们将任务维度作为纵轴，将关系维度作为横轴，绘制出如下八种管理隐患的概述图。

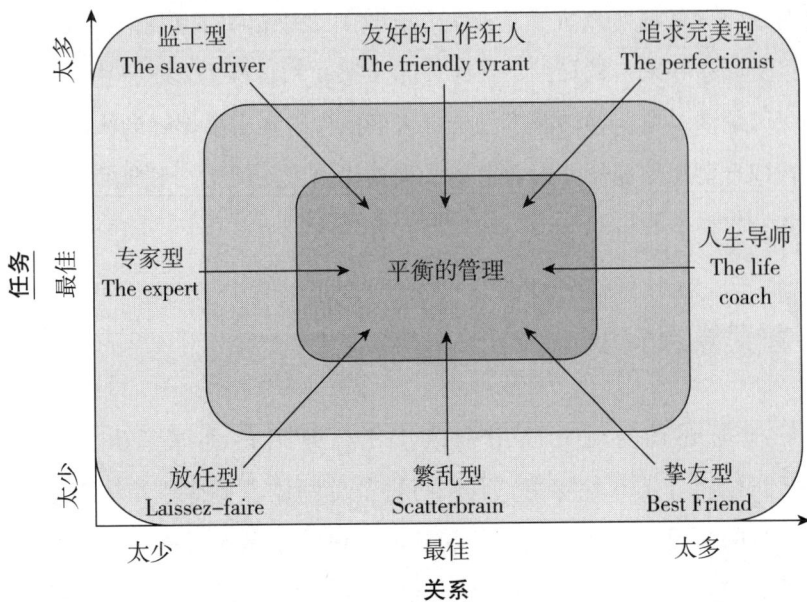

八种管理隐患概述图

（1）监工型（The slave driver）

"我的老板好像只关心结果。他对实现结果的过程完全不感兴趣。我常想，哪怕哪天我死在工作岗位上，只要我的项目能得以成功执行，他就仍然觉得好。"

——亨利，物流经理，26 岁

"如果一个员工在某个项目中和我有不同的看法，我会告诉他，你完全可以去证明自己是对的。我会与他打赌，让他尽全力证明我是错的。但在这种情况下，我通常会保持非常密切的关注。通常在两个星期后，我就会询问他的进度如何。如果他失败了，我会毫不留情地嘲笑他一顿。这样做的好处是，之后我们之间再遇到类似分歧时，他们往往就会一言不发，直接按照我的想法做了。"

——穆尔然，经理，50 岁

作为员工的亨利，他在这里表达的正是一种管理隐患：在他的管理者的眼里，只有结果最重要，其他都是次要的。

而穆尔然则从管理者的角度展现了这个管理隐患的另一面。任务导向型的管理者往往具有强烈的好胜心和竞争意识，这使他们成为监工型领导，这种类型的领导喜欢自己永远是正确的。不论是在工作中还是生活中，他们都想赢，想做最聪明的人、把事情做得最好的人、把任务完成得最快的人。他们希望自己的员工也同样有强烈的求胜的意愿。这种类型的管理者会在工作中创建一个非常活跃的气氛：一切都进展迅速，每个人都保持高度灵活，凡是能达到目标的手段都是被允许的。员工们通常被激励得竭尽全力地为工作做出贡献。但是，人们很少会自我反思，从长远角度看，这种做法对个人的发展和职业成长真正有利吗？

监工型领导鼓励员工呈现"最好的自己"以实现目标，而员工确实能在很短的时间内学到很多东西。然而这种领导的管理隐患是，领导在要求员工达到自己的意愿和目标的同时，往往很少或根本没有注意员工的利益和需求。而它的风险则在于，这种以任务导向为主的工作氛围，短期内可以使员工士气高涨，然而时间一长，则可能会令人感到压抑和不愉快。至于监工型领导管理的组织，它的工作环境的自愈性和恢复能力往往很差。员工和领导都有可能长期被压力和疲劳所困扰。

实用技巧：避免成为监工型领导

- 反思：批判性地检查你对自己和给员工提出的要求。这些要求都现实吗？有没有可能你对员工（太过）苛求了？
- 注重员工的个人需求和发展机会。
- 给予员工一些赞赏！你的员工非常重视你赞赏他们的工作和奉献精神！你希望他们继续保持努力工作，那么展示你的感激是非常重要的。
- 与年轻员工打造一个良好的私人关系。这样在他们有问题时会来找你，从而防止问题进一步恶化。
- 正确地看待年轻员工犯的错误。当然，指出他们的错误是非常重要的，但是你要知道，年轻的员工还有很多东西要学习，你的愤怒有可能只产生适得其反的效果。

（2）专家型（The expert）

"我的经理非常专业，她擅长工作，她懂得也很多。我主要靠观察和倾听向她学习。对她来说，重要的是有一个良好的结果，她对我这个人并不感兴趣。"

——小琳，美发师，21 岁

"我认为我的员工敬业爱岗，并擅长自己的工作是非常重要的。如果他们不能正确地做事，我真的会很生气。他们有自己必要的空间，但是我会及时监控他们的工作进度和质量，毕竟最终达到良好的业绩才是重要的。"

——克里斯蒂安，经理，40 岁

小琳和克里斯蒂安都描述了一种专家型的领导。克里斯蒂安非常熟悉他的领域，他认为提供好的产品很重要，但是专家型的领导并不会为了结果就不惜一切代价，他会为员工提供在该领域成长的机会。

但与此同时，专家型领导仍可能会对员工个人的关注过少。他在工作内容方面会给予员工足够的空间。尽管他不会直接表现出来，但他喜欢员工提出创新性的想法，他也能从中学习和受益。学习和提升工作中的知识和技能是这类管理者的主要兴趣和动力。自然，他也喜欢谈论相关的话题。但是他不会很积极地去和员工们闲话聊天，一般也不会殷勤地询问员工在工作方面的动力或困扰所在。

实用技巧：避免专家型领导的隐患

- 反思：你对工作质量和内容的关注是否适合你的年轻员工的需求？
- 不仅要注重员工的工作内容，还要对他们的世界表示兴趣。你们不必成为朋友，但年轻员工认为良好的个人关系很重要。
- 不要等到他们自己来找你，你应该主动询问他们的发展需求和愿望。这表明你对他们有所投入！
- 不要只是提供专家建议，你也要使用普通的咨询时刻来关心员工的个人情况。

（3）放任型（Laissez-faire）

"我怀疑我的经理并不知道我在做什么、关心什么。我常常认为我所做的事情他根本不感兴趣。"

——泰斯，研究助理，27 岁

"我给我的员工极大的自由和自主。经验表明，他们非常了解该如何组织自己的工作！我认为他们大多数情况下需要自己解决问题。失败是成功之母！通过犯错误，你才能学习！"

——艾可，教授，51 岁

泰斯很少受到他导师的注意。他的导师给了他很大的自由，但也几乎没有提供任何实质性的指导或控制。这种管理的好处是，泰斯有足够的空间来做自己认为好的、有兴趣的和有挑战性的工作。艾可给予他的员工完全的自由，无论是在其职责的履行方面，还是在他们的个人成长方面。

放任型的领导会假定他的员工能良好地执行他们的任务。而且他们会假定，就算他们的员工并没有对某项任务准备得特别充分，员工也会主动跟他们说起。而实际上，放任型的领导也只有在被主动询问的时候才会提供一些建议，即便如此，那种支持可能仍然是很有限的。这种在任务前期放任自流的管理方式自有它的风险；在项目的后期，或者项目完成之后，领导很可能会在事后被迫做一些"善后工作"。而这样的折腾，则很可能会让整个团队的成员感到沮丧。

为什么一位资深人士会在管理上如此松散放任呢？可能有很多种原因。有时候，领导实在是忙于各种其他任务而无暇抽身；或者团队自身比较成熟稳定，大多数情况下，都能在没有领导主动干预的时候运行正常；当然，也有可能是领导个人对他的工作职责没什么乐趣，或者这种管理类的工作并不是他本人的强项，而他只是被派到这个职位上来的。

实用技巧：避免成为放任型领导

- 反思：你想与你的团队或部门取得什么样的成果？大家对你这个领导者有什么要求？这些问题的答案可以帮助你发挥更积极的作用。

- 不要等到年轻员工自己来找你帮忙，而是要主动询问他们是否需要你的帮助。这也会成为你的优势，因为它可以防止你发现问题的时候太晚了。

- 对彼此的期望取得一致意见。问问年轻员工对你的角色期望，并谈谈你能为他们做些什么，或许这能激励你发挥更积极的领导作用。

- 根据员工的个人发展需求，主动就工作、计划和执行等问题与员工展开谈话。

（4）繁乱型（Scatterbrain）

"我的经理通常会瞬间决定某件事情是否重要。有时候他给我布置了一项任务，一段时间过后，我发现他似乎又不再关心它了。有时候很难保持他的注意力集中在某一点上。而且他会忘记一些事情，然后又在任务的最后一刻，才突然发出紧急要求。这种情况经常发生。不过，从另一方面讲，我们部门也已经适应了总有一大堆紧急事件连环发生。"

——佑荣，销售经理，29 岁

"我有一个排得太满的日程表。我也知道我自己在做计划、确定任务的优先级上面有时会出现这样那样的混乱。而且我也承认我是个容易冲动的人。但是，我的工作里真的有很多很有意思的部分，我想尽可能、最大程度地处理好它们。虽然这样做有时会让我在工作中捉襟见肘……"

——希瑞，经理，44 岁

佑荣感到自己的老板工作起来忙碌而混乱。他可能一时这样，一时又那样。管理者通常都存在压力，但有一些人就是太忙了点。希瑞意识到了他这样做可能不好，但对他来说，一切却是值得的。毕竟在他眼里，这都是机遇。快速做出的决定和迅速行动起来的冲动，能给他带来工作上的动力和能量。但这种管理方式的风险是，员工会被这一大堆需要立即处理完毕的工作压得透不过气来。

繁乱型领导喜欢与员工见面，并临时起意地与员工聊天。他其实有可能真的很关心员工的工作情况——"你还喜欢你的工作吗？你一切都好吗？"但可惜在这种聊天中很少会提到实质性的内容。他几乎没有时间和员工针对他们的问题正式地详尽地探讨。

实用技巧：避免成为繁乱型领导

- 反思：是什么让你的流程如此混乱？你是不是想要的太多了？或者你是个糟糕的组织者？你就不能将任务分派给别人吗？

- 让你的年轻员工帮助你监控工作。例如，让他们计划一些会议，帮你准备日程安排。这样，你就可以立即知道工作的进展情况，并利用这些年轻员工的需求来做好他们的工作。

- 可能你的年轻员工不知道在哪里以及何时能找你。毕竟你已经非常忙了，可能经常性地选择忽视员工给你发的邮件。告诉你的年轻员工在紧急的时候怎么联系你，并列举出把哪些事情可以当作紧急事件。

- 让你的员工了解你的日程安排。提前解释为什么你的时间压力让你很少回复邮件。这样的解释会使你那令人不愉快的行为更容易为员工所接受。

- 你可能很难找到时间与员工一起开展深层次的思考或反馈。利用一些稀有的时间，例如一起开车去一个客户那里。

- 抓住碎片式的时间与员工交流，尽量制造短暂的，但是可以和员工开展深入对话的机会。

（5）挚友型（Best friend）

"我们是非常好的朋友。我从来没有觉得他是我的上司。"

——凯润，售货员，24岁

"在我刚刚被提升成为经理的那段时间，我就已经发现，我其实很难把自己的位置放在我的同事之上。当团队需要做一些艰难的决定时，所有人都突然开始关注我的一举一动。我曾试图随意地做出什么却还都是老样子的表示，我也还像以前一样，邀请大家一起出去聚聚。直到有一个星期六的晚上，我在外面偶然遇到我们组里所有的同事在一起欢聚，我才突然意识到，只有我，没有被邀请。那时，我才感到原来很多事情已经被改变了。"

——乔瑞思，经理，34岁

乔瑞思觉得他被大家孤立了。对他来说，大家并无等级差异，他也从不使用"员工"或"下属"的字眼，只说"同事"。乔瑞思认为他的员工能在团队中享受自我的位置是非常重要的。他知道如何创造一个愉快的工作氛围，还发起了许多工作之外的团队活动。他还特别希望显示出他对员工的信心。因此他的座右铭是，如果有什么问题，员工自己会来找他的。他并不喜欢随时随地检查员工的进度，或是替他们做出决定。

挚友型领导对于把自己置于他的团队之上感到不太自在。但这有时候是必要的。员工希望他们的领导能够做出艰难的决定、强有力地推行决定，并能指出员工的错误。但由于挚友型领导特别注重良好的工作氛围，所以在一些艰难的情况下会存在管理风险，例如员工可能无法接受他在一贯的信任与放权的习惯中偶尔为之的突如其来的控制与监督。

实用技巧：防止"过分亲密"

■ 反思：是什么让你想成为员工的朋友？（例如：想要归属感、被人爱

戴、害怕被排除在外）

- 当你的（年轻）员工没做好工作时，你的上级是否怪罪你，认为有你的责任？这个问题的答案可以帮助你清楚自己作为领导的角色，并在实际上承担你的责任。
- 要知道，年轻人需要指导。找出他们需要哪方面的指导。这可以通过简单地询问他们得到答案。
- 你能通过在必要时清楚地做出决定而赢得尊重。不要想当然地认为这是员工该做的。

（6）人生导师型（The life coach）

"阿芬是我们这儿的老板。她极大地融入了每个人的生活里。她了解每个人都在做些什么，她经常会为我想出一些关于我今后职业生涯发展的主意。虽然这非常周到，但对我来说，我真的并不太需要。"

——应可，采购员，26 岁

"我和很多年轻人在一起工作，我愿意帮助他们全面发展。就拿应可为例，我认为她非常有能力去培养新的销售人员。其实我刚刚还与我们的培训部门确认这件事的可能性呢！"

——阿芬，经理，45 岁

阿芬认为员工的个人发展是她非常重要的一项责任。她还认为员工会自己去做他们感兴趣的任务。她对职位背后的个人表示出真诚的兴趣。她也经常与员工进行私人交谈。与员工所做的事情或他们采取的工作方法相比，良好的氛围和友好的关系才是她心里认为更重要的。

在与员工的谈话中，人生导师型领导所关注的重点体现在人际关系方面。即使是与工作内容相关的事情，也会被这类领导置于员工的个人发展和利益上，或者员工未来职业生涯走向的大背景下展开讨论。但是这并不意味着任务就不重要。在与工作内容相关的问题上，这类领导也绝对会帮助员工取得良好的绩效。

对个人的关注是好的，但是如果有太多关注，可能会让员工窒息。此外，人生导师型领导的管理风险是：领导有可能只是一厢情愿地认为某些事情对员工有好处；对于员工来说，可能难以与领导保持原本设定的关系的界限，并在同时做好自己的本职工作。

实用技巧：避免成为人生导师型领导

- 反思：是什么原因让你如此想参与到员工的个人生活中？
- 你知道员工们在这件事上的界限吗？
- 给予员工分享自己困境的空间很重要！但你也要知道，不是所有人都需要或想听你的意见，他们并不想把所有事情都与你分享。
- 你在年轻员工身上发现了巨大的潜力，并看到了很多让其实现的可能性。但年轻员工普遍希望由他们自己去发现他们的渴望和喜好。请给予他们这样做的空间。
- 更多地在与工作（而非个人）相关的内容上投入时间和精力。你的年轻员工需要实质性的指导。例如，制定定期的正式工作会议安排，用以讨论与工作相关的话题。

（7）追求完美型（The perfectionist）

"我的经理是一个伟大的人，但她太过追求完美了！她真的是在挑战我们，她总是认为我们还能做得更好。如果不是很好，那么她又会召集会议，让大家重新开始设计。她追求的是十全十美，毫不含糊。"

——罗伊，设计师，26 岁

"在新产品发布的那阵子，有个周六我注意到库存有问题。我的员工那时并没有发现，于是我打电话给我的经理，我们一起解决了所有问题，然后到了周一，我们便可以继续推进下去。但我也不明白为什么非要我来发现这些错误，大家很可能会据此认为，我什么小事都要求处理得完美。但不论自己是否真的想管，反正总要有人去做。"

——尚韬，经理，55 岁

尚韬是一个完美主义者。她要求她的员工以最佳状态去工作，以达到她所希望的超凡脱俗的效果。她对一起合作的人，以及他们能处理的工作，都有极高的期待。如果事情没能做好，她宁愿折腾自己把它完成。有需要的话，就算要她在假日的晚上忙碌，她也在所不惜。

有意思的是，追求完美型领导通常有紧凑而有序的日程安排。所以当他必须从中挪出一段时间用作他处时，他就会倍感压力。他会对工作的每一步发展随时留意，因为他讨厌任何形式的意外。这类领导的一个管理风险是，领导的控制行为往往会很少为事情留有余地，尤其是对于没有太多经验的职场新人，这类领导会让他们有一种老板对错误"零容忍"的压力，而造成年轻员工不太愿意冒险去充分地探索和发展自我。

然而，这类领导真的是把自己献给了他的工作和员工。他意识到自己对员工的期待很多，会花时间和精力去审视员工是否能够处理得了他们的工作。因此，当员工在压力下濒临崩溃时，他总在那里，随时予以支持。他了解工作量过高是一种什么体验。对外他也会无条件地保护自己的员工。

实用技巧：避免成为追求完美型领导

- 反思：是不是真的有必要对你的员工也做出和自己同样的要求？
- 与员工谈谈他们是否感到有压力？是否有足够的自我空间？
- 为年轻人创造一个学习的环境：让他们知道犯错是没关系的！
- 把缰绳松一点点，鼓励你的年轻员工在工作中采取主动！如果你挑剔太多，过犹不及，是起不到任何激励作用的。
- 当你想了解工作进展情况时，与你的员工讨论一下项目的一些关键节点。

（8）友好的工作狂（The friendly tyrant）

"马克是个非常讨人喜欢的家伙，但是他对工作的要求非常高。对他来说，工作永远是第一位的。他会在最不合适的时候给你打电话，发电子邮件，他好像不明白我除了工作还有生活。"

——小侗，经理助理，27 岁

"我真的很爱我的工作。我们的员工能获得很好的薪水和大量的自我发展空间，因此我希望他们能够 200% 地投入自己的工作中。所以当他们要加班时，我认为他们就不应该抱怨什么。毫无疑问，我们要提供一流的服务。有时候这些年轻人并不理解这一点，然后我就非常礼貌地向他们解释说，你们在工作中有很多机遇，而机遇只会留给那些愿意为之付出努力的人。"

——马克，经理，42 岁

马克喜欢独揽大权。他有很高的目标，并希望他的员工尽一切可能实现这些目标。他自己会思考某个项目应该如何完成，然后将这一愿景"安置"到他的员工身上。对于员工需要做哪些事以及如何做，他都指导得非常详细、一丝不苟。员工可以借此讨论该项目的下一步工作计划或者目前出现的一些障碍。因为他会安排足够多的会议，所以没有必要再在非正式的时候向他咨询。

虽然说个人发展的空间对一个员工很重要，但友好的工作狂型领导认为取得工作成果才是最关键的。如果能给予员工合适的发展空间，友好的工作狂型领导也能与员工保持良好的关系。然而除了正式的会议，这种领导并没有为员工的个人发展投入大量额外的时间。年轻员工可以从他们的工作中学习，但来源于领导的较高期望会造成员工之间互相攀比的风险，例如评比谁是最佳员工，谁工作时间最长，甚至谁在最不合适的时候发送工作邮件等。

实用技巧：控制一下你的虽友好但却是工作狂的倾向

■ 反思：是不是真的有必要对你的员工提出和你对自己一样高的要求？

- 当你的年轻员工犯错时，公正地看待它。当然指出这些错误是很重要的。但你也要意识到，年轻员工还有很多东西要学，你的愤怒只会起到适得其反的效果。
- 尊重员工的闲暇时光和私人界限，鼓励他们放松。弓不能总是处于紧绷的状态。
- 要思考哪些任务可以让你的年轻员工独立完成，你面临的挑战是如何将缰绳放松一点，给员工更多工作内容上的自由。这样能够给予他们信任，让他们体会更高的工作满意度。
- 你要决定团队氛围该如何发展。对员工的一些紧张、压力或不满的迹象，要保持警惕。

3. 管理工具箱：你个人的领导风格存在着哪些管理隐患

　　读完这章后，你是否还不能完全确定你的管理存在着哪些隐患？你是否想确认一下你到底是更专注于"任务"，还是更关注于"关系"？来做一下测试，并找到答案！每道题后面都有 1~5 分的选项，请根据情况打钩。

　　我对员工的典型管理风格：

1=（几乎）从不

2= 偶尔

3= 有时

4= 经常

5=（几乎）总是

① 我在工作以外的时间还给员工打电话谈论工作问题。

　　1　2　3　4　5

② 我希望和员工在社交网络上成为朋友。

　　1　2　3　4　5

③ 我会为员工做大多数的决定。

☐1 ☐2 ☐3 ☐4 ☐5

④ 我在员工工作时，会忍不住在旁边不放心地盯着。

☐1 ☐2 ☐3 ☐4 ☐5

⑤ 我认为帮助员工克服他的个人问题，也是我的工作内容之一。

☐1 ☐2 ☐3 ☐4 ☐5

⑥ 我为员工的未来计划提供建议。

☐1 ☐2 ☐3 ☐4 ☐5

⑦ 我希望员工立即执行我布置的任务。

☐1 ☐2 ☐3 ☐4 ☐5

⑧ 我和员工在一起时很随意。

☐1 ☐2 ☐3 ☐4 ☐5

⑨ 我认为了解员工的想法和感受很重要。

☐1 ☐2 ☐3 ☐4 ☐5

⑩ 我希望能和员工一起参加工作场合外的活动。

☐1 ☐2 ☐3 ☐4 ☐5

⑪ 我会询问员工的工作相关活动的详细报告。

☐1 ☐2 ☐3 ☐4 ☐5

⑫ 我会检查员工在执行任务时的每一个细节表现。

☐1 ☐2 ☐3 ☐4 ☐5

⑬ 我会尽一切可能与员工建立友好亲近的关系。

☐1 ☐2 ☐3 ☐4 ☐5

⑭ 我与员工针对工作问题开展头脑风暴活动并提出各种畅想。

☐1 ☐2 ☐3 ☐4 ☐5

⑮ 我会为员工的工作绩效设置门槛最高的要求。

☐1 ☐2 ☐3 ☐4 ☐5

⑯ 我毫不介意地与员工谈论私人问题。

☐1 ☐2 ☐3 ☐4 ☐5

分数和解读：

问题①③④⑦⑪⑫⑭⑮测量的是"任务"。数一数你的答案并写下你的分数。总分 = _____。

问题②⑤⑥⑧⑨⑩⑬⑯测量的是"关系"。数一数你的答案并写下你的分数。总分 = _____。

这两个分数显示你的领导对待你的态度，以及领导存在的潜在管理隐患。过高或过低的分数都有其缺点。

把"任务"的得分放在下图纵轴上，把"关系"的得分放在横轴上。将这两个点用直线连接，找出你的领导风格的弱点所在。

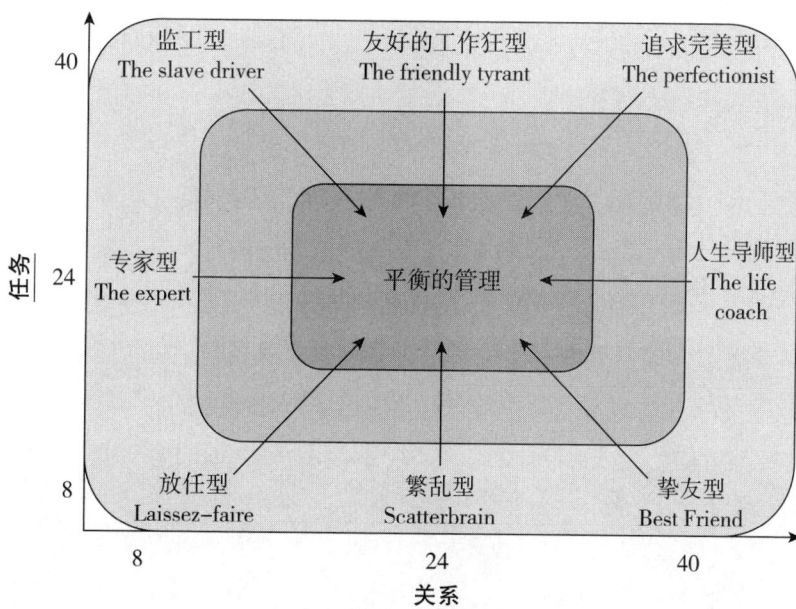

八种管理隐患测试

第 **5** 章

吸引和留住你的员工

"现在，公司和组织里的人力资源政策已经发生了变化。曾经有一段时期，我们单位负担了所有退休老员工的晚年生活。其中的很多人从 50 岁出头就开始享受这样的生活。但现在正好反过来了，我们开始考虑可持续性就业能力（sustainable employability），开始讨论提高员工的退休年龄，让他们可以晚些退休，来减少劳动力不足和来自社保和退休金系统的巨大压力。对于特别有才华的员工，我们需要及时注意观察他们有什么地方需要继续提升，并努力让他们留在组织中。"

——葛玛，培训师 / 咨询顾问，53 岁

从前两章中我们了解到，年轻人尤其希望寻求各种机会发展他们的专业技能。本章我们谈谈人力资源管理在这其中的角色和作用。

1. 心理契约

当员工被雇用之时，他们会签订正式的协议。劳动合同上会定义他们的权利和义务，经理和人力资源部门在对这些条款的解释上都担任着重要的角色。但并不是所有的权利和义务都可以在合同中写出来的。除了常规的以双方签字的文本为形式的合同，其实还存在着员工、主管和雇主之间的一个心理契约[①]（psychological contract）。

[①] 心理契约：美国著名管理心理学家施恩（E.H.Schein）将心理契约定义为"个人将自己有所奉献与组织希望有所获取之间，以及组织对员工个人期望提供回馈的一种配合。"虽然心理契约并不是由文字和纸张承载的有形契约，但却发挥着有形契约的作用。

这个心理契约或者隐性契约[①]包含一个相互的期望，即雇主期待员工该如何完成工作，以及员工期待能从雇主那里获得怎样的帮助。管理者往往期望他们的员工的工作方式具有高度灵活性，在有需要的时候，一旦要他们加班，他们会毫无意见。反观员工呢？如果员工对这种偶尔的超额工作并不认为有什么问题，那就会希望他个人能在其他时间，或者以其他方式获得补偿（"今天加班没问题，现在就做也没问题，但我明天早上会晚一个小时来上班"）。在这个例子里，雇主通过为员工提供不错的工资待遇和灵活的工作时间，期待从员工那里获得高效、积极的生产能力。有关员工与组织订立的心理契约的三层模型可参见下图[②]。

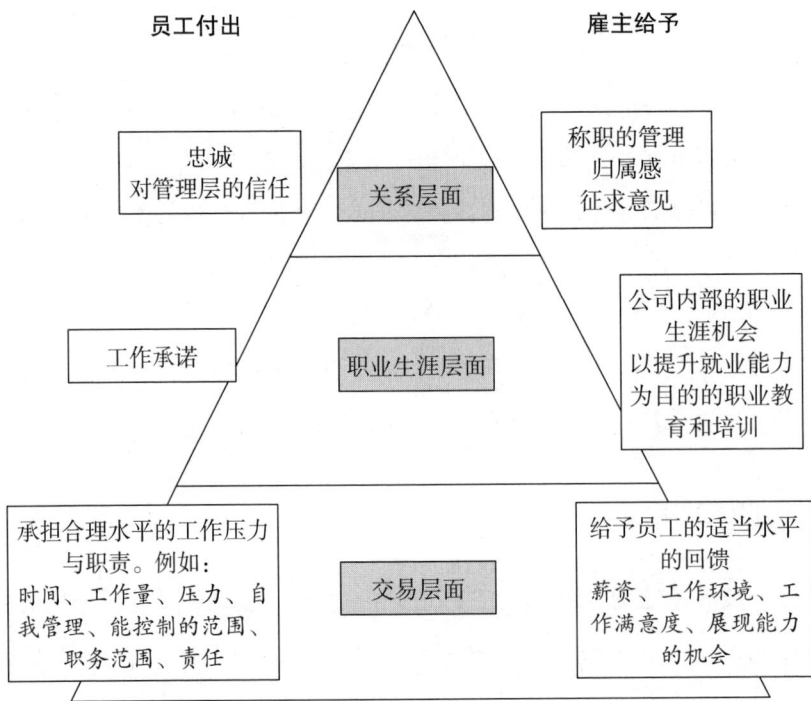

员工付出   雇主给予

忠诚
对管理层的信任

关系层面

称职的管理
归属感
征求意见

工作承诺

职业生涯层面

公司内部的职业
生涯机会
以提升就业能力
为目的的职业教
育和培训

承担合理水平的工作压力
与职责。例如：
时间、工作量、压力、自
我管理、能控制的范围、
职务范围、责任

交易层面

给予员工的适当水平
的回馈
薪资、工作环境、工
作满意度、展现能力
的机会

心理契约的三层模型

① Rousseau, Denise M. "Psychological and implied contracts in organizations." Employee responsibilities and rights journal 2.2 (1989): 121-139.

② Maguire, H. (2002). Psychological contracts: are they still relevant?. Career Development International, 7 (3), 167-180.

虽然心理契约并不是一个具有法律强制性的合同，但它是雇佣关系中的重要部分。这种互惠的关系往往会受到无意间的伤害，可能导致双方都陷入沮丧，也可能导致员工的积极性被挫伤。当心理契约受损时[1]，员工就会较少地把精力投入到工作中去，员工这样做，是为了平衡自己的心态；在更严重的情况下，心理契约受损甚至可能导致员工做出一些"消极行为"（如破坏、旷工、迟到、早退或心不在焉）。

然而经常出现的情况却是，管理者并没有意识到自己已经破坏了与员工订立的心理契约。有时候，仅仅是因为他们根本无法履行自己的诺言。例如一位管理者对员工许诺了参加某培训项目的机会，但可能因为突然面临着预算的削减，最终导致没钱支付那个培训项目。或者一名年轻的有才华的员工要在他所在的团队里继续发展，并被告知他有机会担任一份管理工作的职位。但是，他接下来却注意到在未来的几年内，在这个团队里，如果没有人退休，就不可能空缺出任何一个管理职位。又或者，某位主管经常没时间为年轻员工提供建议或辅导，而后年轻员工发现主管之前对他们做出的承诺（比如"你在工作的头一年里就会有大把的培训和提高的机会""你的工作时间将非常灵活"，等等）根本无法兑现，因为那些承诺根本不由他们的主管控制，一切都要人力资源部门说了算。以上这些情况发生都会导致员工出现失望情绪。

▋ 2. 年轻人对他们的工作有什么期望

正如我们在第一章中所看到的，正式的劳动合同很重要。它意味着一个对既包含首要福利（例如工资），又包含次要福利（例如工作时长和休假）的良好工作条件的认可。如今这个合同可以根据不同的员工呈现出个案定制的形式[2]，雇主也会与员工一起讨论他们认为彼此都适合的工作条件。正式合同的改变和更新，

---

[1] Morrison, Elizabeth Wolfe, and Sandra L. Robinson. "When employees feel betrayed: A model of how psychological contract violation develops." Academy of management Review 22.1 (1997): 226–256.

[2] Nauta, A., Oeij, R., & Huiskamp, R. (2007). Loven en bieden over werk. Assen: Van Gorcum; Nauta, A. (2011). Tango op de werkvloer. Assen: Van Gorcum.

对心理契约和工作内容都会有一些影响。通过调查和研究，我们能清晰地看到年轻员工对工作本身及工作环境的期待。其中必不可少的两个主题是：具有挑战性的工作内容、良好的工作氛围。

（1）具有挑战性的工作内容

"我的工作充满挑战，因为我永远不知道新的一天或一周会是什么样的。我得到了很多培训，我明白需要在工作中行动迅速，还要与各色人等打交道。所以，如果你喜欢变化，你就非常适合来这里工作！我也需要这种随时都存在的新鲜感。我很开心，我每天都在学习，这非常有趣。当然，我对自己的职业也非常有热情！所以我现在有点往工作狂方向发展了。我不仅在职业上取得了成绩，也在人际沟通方面拓展了自己。我们都知道学习和发展的机会无处不在，我认为这太棒了！自从来这里工作，我已经改变了很多，不仅体现在工作中，而且体现在我的个人生活中。我的邻居们都发现我变了，变得更好了。我现在知道一些事情了，例如如何处理别人给我的意见和建议，如何用富有建设性的讨论来解释我跟别人不太一样的观点。"

——小曼，造型师，25 岁

年轻人通常非常重视工作内容中那些有趣的部分。这意味着工作与个人能力的关联很重要，工作必须提供让员工发挥主动精神的机会。年轻人想学习他们的专业知识，他们非常专注于收集相关的知识和信息以用来发展个人技能，迎接和应对工作中带来的挑战，能让他们觉得自豪并增强自信。

（2）良好的工作氛围

"我们 6 个女生是一个团队，真是欢乐多多。这让工作本身也变得更有趣。"

——范可，化妆品销售员，26 岁

对员工而言，与工作本身一样重要的是他们与同事之间的关系和工作的氛围。**在团队中，缺乏良好的工作氛围是员工跳槽最主要的原因之一。**因而，年轻的职场新人不仅非常关注自己在小团队里能否正常工作，还非常关心组织内的工作秩序和规则。他们需要知道从哪里能找到他们想要的信息，以及他们是否能被同事和上司接受和赞赏。与同事的社交活动和良好的互动能给予他们工作上的信心，让他们感到轻松。时间一长，当他们再向同事开口求助的时候，他们就不会感到像最初的时候那样尴尬和窘迫了。

■ 3. 管理者与人力资源部门之间的合作

管理者和人力资源部门都对工作的挑战性、工作环境和团队合作有所助益，尤其是当两者共同协作时。显然，管理者和人力资源部门之间的良好配合也很必要。通常人力资源部门可以为管理者担当高管教练（executive coach）的角色，无论这样做是出于管理者的主动要求，还是人力资源部门的不请自来。人力资源部门的这种介入，既可发生在合同谈判期间，也可以发生在员工满意度调查结果不佳时，还可以发生在员工培训和员工／管理者岗位调整期间。正如邹刚下面所说的，人力资源部门真的可以在员工和管理者之间发挥巨大的作用。

"在 IT 界，目前很难找到并留住优秀的人才。吸引并留住优秀的'80 后'人才是非常必要的，了解该如何与年轻人互动也是非常重要的。我们的年轻员工中有大量人才流出，这真的是个问题。管理人员往往更注重于数字，最关心的往往是预算与支出的平衡。但过分对预算进行控制，造成了工作开展上的很多困难。这对年轻员工的工作满意度有许多负面的影响。有一些年轻人确实是因为这个原因最终离开了组织。我曾去找过一个主管，告诉他主管需要辅导员工，而不是控制。我是这么解释的，我说我们不仅要看各种数字，还要询问员工他们遇到了什么实际难题，需要什么帮助。现在，我们对各种活动预算的管理控制得不再那么严苛，我们也会把年轻的销售员派去单独接待客户。然后他们的团队领导会每个星期通过电话或电子邮件联系他们两三次，询问他们进展如何。虽然年轻人会自己联系领导，但领导知道，员工更希望领导能主动找到员工询问情况。我们现在看到，新员工的满意度已经从原来的 6.5 上升到了 8.5！年轻员工现在会在评论里表示：'我不再被束缚了''我被认真地对待'。"

——邬刚，人力资源经理，37 岁

■ 4. 小调查：让员工满意的企业是怎样的

瑞克斯旺公司实地考察：2010 年荷兰最佳雇主

为了寻找良好的人力资源管理实践经验，为其他的公司或组织做参考，我们在研究中走访了一些在这方面口碑很好的组织机构。我们重点关注了荷兰瑞克斯旺公司（Rijk Zwaan），这是一家专门从事蔬菜经营的组织。我们之所以选择它，并不是由于这家企业赢得了"2010 年荷兰最佳雇主"的评选第一名。事实上，我们恰恰是在采访后，才发现这一点的。我们之所以关注这家企业，是因为我们在研究访谈中听到两名来自该公司的年轻员工用充满无限热情的语言谈论着他们的公司。他们的发言内容表明，这个企业不仅有一个让年轻员工愿意为之奋斗的美好而明确的组织愿景，它还将这一愿景付诸行动了。

（1）公司基本组织结构

① 瑞克斯旺公司是一家独立的家族企业，其大部分股份为 3 个家庭所有，但员工也可以购买股份。为了确保组织保持自主和独立，当员工离开组织时，其股份必须被公司重新购回。

② 公司总部设在荷兰，在国外有 28 个分支机构。

③ 该公司共有 2 500 名员工，大约 1 000 名员工在荷兰工作。

④ 有 3 名董事。

⑤ 有扁平化的组织结构（最多 5 个层级）。

（2）公司的核心价值

公司的核心价值是：利润固然重要，但员工的福利是至高无上的。

这个核心价值是如何传播的？

首先，董事们认为亲自了解员工并对其个人表示出关注和兴趣很重要。因此，他们总是和新员工坐在一起吃午餐，并试图记住所有员工的名字。但瑞克斯旺公司发展很迅速，已经成为一家很大的公司，想要记住所有员工的名字，已经开始变得越来越困难。不过，值得注意的是，大多数的高层管理人员都知道大部分员工的名字和长相。

其次，每两个月，董事们就会在企业内部杂志上写一篇关于他们对组织核心价值理解的文章。正如下面的例子所清晰展示出的，企业的核心价值重点主要不在于利润，而在于员工之间的互动和对组织的参与。

"我们独特的企业文化是我们公司的基础。因此，我们必须确保将这个文化基础继续深深扎根在增长的业务中，并维持该文化的每个具体细节的生命力。要做到这点，最好的办法就是把它付诸实践。这意味着，虽然语言是承载这些信息的，但要使员工真正了解它并相信它，需要用具体的例子，并且做出相应的行为来激励员工。这样，你就在鼓励他们效仿你的行为。这两者都是让我们的文化保持鲜活的必要途径。"

——《公司内刊》，2013 年 10 月号

（3）人力资源政策的核心

"通过给予员工自由和信任来激发他们的工作积极性。"

这个政策是如何表现出来的？

① 瑞克斯旺为员工提供终身雇佣承诺。

新员工一旦入职，就会立即获得一个长期合同。

员工在职的每一年都可以收到"忠诚奖励"。

② 雇主与雇员之间要"适配"。在招聘和选拔过程中的一个核心前提是，求职者必须符合组织的文化。因此在新员工简历上，"能与人合作"比"思维活跃""优等生"这些信息更被公司看重。

③ 额外的奖金是与全球营业额挂钩的（而非销售部门独享）。

④ 没有正式的绩效评估流程，但这并不代表不会对员工进行业绩评估，只

是它不再是以领导单向的向员工传达绩效评估的分数形式了。谈话内容的 3/4 都由员工主导。员工将向上级汇报他的工作进展以及遇到了什么困难。在谈话的最后部分，主管会将他的观察反馈给员工。然后，他们会一起共同制定下一年的改进计划和提高计划。

⑤ 防止"孤立的文化"。为了确保跨部门之间沟通的"低门槛"和"低成本"，新员工在入职培训期间就会参加一个由内部员工组织的"瑞克斯旺分享会"。在这里，新员工会参与到组织不同层级的各项工作中，包括接待、生产、实验室或蔬菜加工部门。

⑥ 主动和非正式的个人关注。瑞克斯旺公司在教育和培训领域为员工提供了充足的空间。公司将这些选择清晰地传达给员工，并告诉他们主动权始终掌握在员工自己手里。公司鼓励员工分享他们个人的挫折和困难，并为其提供必要的个人支持。管理者时刻表达出自己对员工个人福祉的关心。

⑦ 对管理者进行定期培训，以保持和发扬公司的文化。瑞克斯旺公司提供了一个内部管理培训，在培训内容中，企业文化的内容是备受关注的重中之重。对于来自外部的领导力培训课程，公司也总是会进行量身订购，以确保其中传达的理念符合该公司的文化。

虽然以上这些举措似乎对很多雇主来说太"温和"了，但请注意，瑞克斯旺公司的缺勤率和每年的员工流动率都是最底的。

- 缺勤率 < 3%
- 每年的员工流动率 < 1%

5. 结论

管理者的一项主要责任就是与员工一起明确并讨论对彼此的期望。管理者需要为整个团队以及个人去定义他们的工作内容，并记录下任务的进展情况。因此，定期对可能发生的目标变化进行讨论，这对维护双方的互信关系非常重要。

我们在学术研究中有一个有趣的发现：**如今的年轻从业人员，较之以往的年轻从业人员，更少地确定一个单一的未来职业生涯走向。**现在的年轻人似乎更不需要通过换工作来达到自己的职业生涯目标，虽然实际上他们经常变换工作。在这里，一个关键因素是，不断变化的劳动力市场为频繁地更换工作提供了可能。但此外还有另一个原因，年轻人需要积累各种经验以满足他自身在各种职业发展中探索的需求。

在瑞克斯旺公司与我们交谈的那两位年轻员工也对此进行了明确的讨论。他们完全不打算换工作，但是他们提出了一项重要的前提条件，即他们必须能在这个公司里得到自我发展才行。综上所述，年轻的专业人员会更迅速地决定是否要更换工作，虽然这通常对组织来说是一件成本很高的事情。所以，**与这些年轻人谈论他们感兴趣和为之兴奋的事情非常重要**。

管理人员正面临着有趣的挑战。在这方面，较为年轻的管理人员似乎比更年长的管理人员做得更好。

年轻的员工热衷于学习他们感兴趣的事情。他们对工作有激情，希望被领导激励，并乐于接受领导的辅导。但从很多角度讲，**今日的他们，并不都是昨日的我们**。

参考文献

[1] Baker, S. (2007). Followership: The Theoretical Foundation of a Contemporary Construct. Journal of Leadership & Organizational Studies, 14, 50–60.

[2] Bylsma–Frankema, K., & Costa, A. (2005). Understanding the Trust–control Nexus. International Sociology, 20, 259–282.

[3] Boeri, T., & Van Ours, J. (2008). The Economics of Imperfect Labor Markets. Princeton, NJ: Princeton University Press.

[4] Costanza D.P., Badger, JM, Fraser, R. L., Severt, J. B., & Gade, P.A. (2012). Generational Differences in Work–related Attitudes: A Meta–analysis. Journal of Business Psychology, 27, 375–394.

[5] Ester, P., Roman, A., Vinken, H., & Van Dun, L. (2004). Work Values and the Transitional Labor Market. The Netherlands in European and American Comparison. OSA Publication A204. Tilburg Institute for Labour Research.

[6] Ester, P., & Vinken, H. (2000). For later. Expectations of Dutch labor, Health Care and Freedom in the 21st Century. The OSA Future Labor Survey.

[7] Finegold, D., Mohrman, S., & Spreitzer, G. M. (2002). Age Effects on the Predictors of Technical Workers' Commitment and Willingness to Turnover. Journal of Organizational Behavior, 23, 655–674. L I T erature 133.

[8] Follett, M.P. (1996). The Essentials of Leadership. In Graham P. (Ed.), Mary Parker Follett: Prophet of Management (pp 163–177.). Boston: Harvard Business School Publishing.

[9] Harris, K. J., & Kačmár, K. M. (2006). Too Much of a Good Thing: The Curvilinear Effects of Leader–member Exchange on Stress. Journal of Social Psychology, 146, 65–84.

[10] Judge, T.A., Piccolo, R.F., & Ilies, R. (2004). The Forgotten ones? The Validity of Consideration and Initiation Device Structure in Leadership Research. Journal of Applied Psychology, 89, 36–51.

[11] Kessels, J.W.M. (2001). Youth Must Have Sense to be Smart. Foundation Industrial Circle

Twente.

[12] King, Z. (2003) . New or Traditional Careers? A Study of UK Graduates' Preferences. Human Resource Management Journal, 13, 5–26.

[13] Kooij, D. (2010) . Motivating Older Employees; the Role of Age, Work–related Motives and Personnel Instruments. Magazine for HRM, 4, 37–50.

[14] Nauta, A. (2011) . Tango in the Workplace. Assen: Van Gorcum.

[15] Nauta, A., Oeij, P., & Huiskamp, R. (2007) . Haggling Overtime. Assen: Van Gorcum.

[16] Ornstein, S., Cron, W. L., & Slocum, J.W. (1989) . Lifestage vs. Career Stage: A comparative Test of the Theories of Levinson and Super. Journal of Organizational Behavior, 10, 117–133.

[17] Spangenberg, F., & Lampert, M. (2011) . The Boundless Generation and the Unstoppable Advance of the B.V. I. Amsterdam: New Amsterdam.

[18] Full Ring, J. (2012) . The Transition From Education to Work: Study the Differences Between Life Stages Within Generation Y and the Effects of Work–related Resources on Self–efficacy, Enthusiasm and Organizational Commitment. Utrecht: University of Utrecht.

[19] Van den Broek, A., Bronneman, R., & Commander, V. (2010) . Changing of the Guard. The Hague: Social and Cultural Planning Office.

[20] Van Doorn, J. (2002) . Caught in time. Over Generations and Their History. Amsterdam: Boom.

[21] Van Doorn, S., De Koster, W., & Verheul, A.J. (2007) . Stress choice ! ? On the social Embeddedness of Individual Choices. Sociology, 3, 400–409.

[22] Van Hoof, J. (2006) . Labour Ethos change. J. of Ruysseveldt & J. van Hoof (Eds.), Labour in Transition (pp. 257–280)(revised edition) . Deventer / Heerlen: Kluwer / Open University.

[23] Wheelers, R.J.J., & Raven, D. (2009) . Decreases in the Netherlands, the Work Ethic? An Alternative Explanation for Time Shortage. Journal for Labour Affairs, 25, 66–82.

[24] Ye, R. (2014) . Managerial Coaching in a Changing World: The Impact of Gender and Societal Culture in China and Abroad. PhD Theses, University of Leuven.

[25] Ye, R., Wang, X., Wendt, H., Wu, J., Euwema, M. (2016) . Gender and Managerial Coaching Across Cultures: Female Managers are Coaching More. International Journal of Human Resorece Management, 27 (16), 1792–1812.